历史学的实践丛书

历史学的实践丛书

什么是情感史

What is the History of Emotions?

［美］芭芭拉·H. 罗森宛恩（Barbara H. Rosenwein）
［意］里卡多·克里斯蒂亚尼（Riccardo Cristiani） 著
孙一萍 译

北京大学出版社
PEKING UNIVERSITY PRESS

著作权合同登记号 图字：01-2019-6426

图书在版编目（CIP）数据

什么是情感史 /（美）芭芭拉·H. 罗森宛恩，（意）里卡多·克里斯蒂亚尼著；孙一萍译. -- 北京：北京大学出版社，2024. 10. --（历史学的实践丛书）.

ISBN 978-7-301-35535-0

Ⅰ. B842.6

中国国家版本馆 CIP 数据核字第 2024897V86 号

What is the History of Emotions?

First published in 2018 by Polity Press

This edition is published by arrangement with Polity Press Ltd., Cambridge

书　　名	什么是情感史 SHENME SHI QINGGANSHI
著作责任者	[美] 芭芭拉·H. 罗森宛恩（Barbara H. Rosenwein） [意] 里卡多·克里斯蒂亚尼（Riccardo Cristiani）著　孙一萍 译
责任编辑	李学宜
标准书号	ISBN 978-7-301-35535-0
出版发行	北京大学出版社
地　　址	北京市海淀区成府路 205 号　100871
网　　址	http://www.pup.cn　　新浪微博 @ 北京大学出版社
电子邮箱	编辑部 wsz@pup.cn　　总编室 zpup@pup.cn
电　　话	邮购部 010-62752015　　发行部 010-62750672 编辑部 010-62752025
印 刷 者	三河市北燕印装有限公司
经 销 者	新华书店
	650 毫米 × 965 毫米　16 开本　13.75 印张　153 千字 2024 年 10 月第 1 版　2024 年 10 月第 1 次印刷
定　　价	55.00 元

序言及致谢

我们一起撰写《世世代代的感受》(*Generations of Feeling*)时，就开始考虑写作此书。尽管情感史在过去的几十年中蓬勃发展，但有关情感史的各种假设、期许和方法仍在源源不断地产生。在许多方面，情感史仍在不断地自我完善。我们希望这本书会使情感史的各种学习路径变得容易一些。写这本书，肯定有助于我们发现之前未曾预料到的内在关联和新的研究模式。

在编写本书时，我们得到许多同仁的帮助。我们诚挚地感谢达米安·博凯（Damien Boquet）、林·亨特（Lynn Hunt）和伊彦·普兰佩尔（Jan Plamper），他们对初期书稿的评论和批评，使我们获益良多。拉勒·贝扎迪（Lale Behzadi）、迈克·范·伯克尔（Maaike van Berkel）、安东尼·卡多萨（Anthony Cardoza）、妮可·尤斯塔斯（Nicole Eustace）、蒂莫西·吉尔福伊尔（Timothy Gilfoyle）和凯尔·罗伯茨（Kyle Roberts）在某些关键内容上鼎力相助。我们感谢费·邦德·阿尔贝蒂（Fay Bound Alberti）、保罗·阿坎盖利（Paolo Arcangeli）、詹姆斯·阿弗里尔（James Averill）、托马斯·迪克森（Thomas Dixon）、约翰·多诺休（John Donoghue）、斯蒂芬妮·唐斯

（Stephanie Downes）、乌尔特·弗雷弗特（Ute Frevert）、埃里克·古斯曼（Erik Goosmann）、伯纳德·里默（Bernard Rimé）、林德尔·罗珀（Lyndal Roper）和汤姆·罗森宛温（Tom Rosenwein）。另外，（冰岛）雷克雅未克大学组织的研讨班，使罗森宛恩得以与师生们一起探讨本书第一章和第二章的部分内容。她在此感谢研讨班的参与者和组织者，特别是托菲·H. 图里纽斯（Torfi H. Tulinius）和西古尔·吉尔菲·马格努森（Sigurður Gylfi Magnússon）。最后，我们感谢政论出版社（Polity Press）编辑帕斯卡尔·波尔舍龙（Pascal Porcheron）先生，以及出版社的匿名读者，他们对早期书稿的评论可谓审慎且睿智。

芭芭拉·H. 罗森宛恩（Barbara H. Rosenwein）

里卡多·克里斯蒂亚尼（Riccardo Cristiani）

圣雷莫，2017 年 3 月

目 录

导　言

一个人真的有可能跟别人讲清楚自己的感受吗？

列夫·托尔斯泰：《安娜·卡列尼娜》

我知道你在生气，但我不懂你说的话。

威廉·莎士比亚：《奥赛罗》，第4幕，第2场

当奥赛罗走进妻子的卧室时，是他说话的方式而非他所说的话，让妻子意识到出事了。他说："让我看看你的眼睛，你看着我的脸。"如果温柔地说出，这本该是一个恋人在求取温存的话。但苔丝狄蒙娜知道并非如此，她领会到奥赛罗这番话背后的"暴怒"，尽管她并不清楚他生气的原因。奥赛罗开始哭泣。他的妻子问道："唉！今天真是个不幸的日子，你为什么哭？"

这些就是写于400多年前的一个剧本中的角色所说的话。这些话让我们得以窥见，莎士比亚在解释情感与表达情感时所使用的复杂方式。我们今天仍然被这一场景所打动，这说明我们能够对主人公的情感负担（emotional burdens）感同身受。然而，我们自己也感受到这些情感负担了吗？我们也会以同样的方式来表达这些情感负担吗？情感史就致力于回答诸如此类的问题。情感史研究过去的人

们所体验与表达的情感，探究情感发生了哪些变化，哪些情感是从古到今一脉相承的。

在过去的 25 年里，情感已经成为我们文化中某种令人着迷的东西。现在，几乎所有的人——小说家、记者、心理学家、神经心理学家、哲学家及社会学家——都在思考与写作情感问题，每个人都有自己的目的，考虑的角度也不尽相同。历史学家也不例外。尽管他们的共同目标，都是为了理解过去的情感，但他们在实现这一目标时采用了各种各样的方式，其方式之多，令人眼花缭乱。每个对情感史感兴趣的人——不管是学生、研究人员，或者仅仅是好奇的读者——很快意识到，在没有指引的情况下，这一领域是非常困难的。这正是本书所要提供的东西。本书介绍现代情感研究的主要路径，从心理学开始，继之以多种史学“流派”对这一主题的研究，辅之以当下的研究趋势，最后简单地展望一下情感史的未来。这本书更多地像是一幅谷歌地图，提示了各种可能的研究路径，以便读者能够从事他们自己的史学探索。这并非概括论述该领域的第一本书，但在既可以作为简介，又可以为新手研究者提供指引方面，当属首例。①

2

情感史端赖某种概念，关于什么是情感的概念。这个问题比最初看上去要棘手得多。这似乎有点讽刺，我们如何判定某种情感**确实是**一种情感呢？我们知道（或者我们以为自己知道）答案。“你对

① 这一领域早期最为重要的研究综述，参见 Jan Plamper, *The History of Emotions: An Introduction*, trans. Keith Tribe, Oxford, 2015。有关近代早期的研究者，参见 Susan Broomhall, ed., *Early Modern Emotions: An Introduction*, London, 2017。

此感受如何？”我们的亲戚、爱人、朋友或治疗师，或者是一个电视台记者，都曾这样问过我们。我们会说“幸福”或“生气”，我们有时会泪如泉涌或者心跳加速。但这些词语、眼泪和心跳加快，究竟如何成为情感的迹象（signs），或者成为情感本身的呢？什么使这些词语、手势与它们所包含的概念成为“情感”？情感是我们与生俱来的，还是后天习得的？情感是理性的还是非理性的？我们真的了解我们的感受吗？或者说，情感涉及某些超出我们理解范围的东西。

几个世纪以来，哲学家、医生与宗教研究者一直在关注这些问题，现在它们更多地成为科学家、社会学家与人类学家研究的领域。历史学家也有他们自己的话要说。他们了解到，过去的社会对情感进行定义的方式，在今天看来似乎稀奇古怪。他们知道“情感”（emotion）这个词本身的意思就变化多端：即使在西方社会，过去所使用的，也是诸如激情（passions）、情动（affects）、动情（affections）或者感情（sentiments），但却一直没有使用像“情感”这样的词。确实，尽管悸动（motion）、感动（movement）这样的词在过去的时代经常被使用，但情感这个看似古老的词其实相当晚近。历史学家还了解到，无论使用什么样的词汇，这些我们今天称之为情感的东西，在不同的时代有不同的定义。罗马人认为“仁慈”（benevolence）是一种情感，而中世纪的经院哲学家托马斯·阿奎那则认为“精疲力尽”（weariness）是一种情感。今天已经很少有人能够赞同这种说法。 3

这并不是说，今天的人们对情感持有一致的见解。事实上，有关如何定义情感的讨论五花八门，不但不同的学科之间存在分歧，同一学科内部也有不同看法。本书第一章主要关注科学界的定义，

这些定义本身林林总总。我们首先介绍早期的定义，以及现代人对此提出的不同看法，然后，讨论情感科学领域两位先驱达尔文和詹姆斯的理论，以及他们在现代的追随者，他们的理论主要强调人的身体。而在20世纪60年代，认知主义者的理论得到了发展，在其后不久，社会建构主义者的讨论也得以展开，这两种理论主要关注心智（mind）层面。神经科学家代表着科学界的最新研究。然而，他们大都从属于上述某种传统理论，并因此在研究方法上各不相同。①

我们在第二章开始对情感史的讨论。这里强调的是方法问题，这一点贯穿全书。我们介绍情感史所关注的主要问题，以及史家所使用的研究方法。如果说我们在举例时提到的研究成果大多涉及西方历史，这部分是由于大多数涉及这一主题的论著所关注的是西方历史，还有一部分原因是，这一领域是本书作者们最为熟悉的。但方法问题本身囊括了所有时段、领域与区域。

在简单介绍了情感史学史的"前史"之后，第二章开始转向彼得·斯特恩斯（Peter Stearns）和那时仍是他妻子的卡罗尔·斯特恩斯（Carol Stearns）的奠基性著作，他们在20世纪80年代提出

---

① 对以哲学方法研究情感有兴趣的读者，可以从罗伯特·C.所罗门的著作入手：Robert C. Solomon, *The Passions*, Garden City, NY, 1976，另参考他主编的一本论文集：*Thinking About Feeling: Contemporary Philosophers on Emotions*, Oxford, 2004；关于人类学方法，参见经典著作：Catherine A. Lutz, *Unnatural Emotions: Everyday Sentiments on a Micronesian Atoll and Their Challenge to Western Theory*, Chicago, 1988；关于文学方法，参见 Gail Kern Paster, Katherine Rowe, and Mary Floyd-Wilson, eds, *Reading the Early Modern Passions: Essays in the Cultural History of Emotion*, Philadelphia, 2004。

并详细阐述了“情感规约”（emotionology）这一概念。他们利用社会建构主义理论，把“人们如何实际地感受”与“情感表达的标准（standards）”区别开来。例如，他们仔细研究了教导人们怎样以及什么时候生气或如何制怒的咨询类书籍——这些书籍并没有关注人们是否真的“感到”生气。这些标准随着时间而变化，因此，（依据斯特恩斯二人的观察）才有可能存在情感的历史。与此同时，20世纪90年代及21世纪头几年，威廉·M.雷迪（William M. Reddy）介绍了一对孪生概念，“情感体制”（emotional regimes）与“情感表达”（emotives），使得情感成为理解权力的关键，权力也成为理解情感的关键。情感体制也随着时间而变化，特别是当人们试图突破某种情感却遭受到这些体制压抑的时候。同一时期，本书作者之一芭芭拉·H.罗森宛恩提出了情感团体（emotional communities）理论。情感团体不像雷迪的情感体制那样无所不包但更富变化。情感团体是指一个团体能够认同某些具体情感的相同或相似的价值，认可同样的情感表达目标及准则。在罗森宛恩看来，正是这些团体的多样性本身，构成了情感团体相互作用，并随着环境的变化相应改变的动因。斯特恩斯、雷迪与罗森宛恩的理论，都被后来的历史学家们以各种理由和方式广泛采纳与使用。尽管这几个学者的理论不尽相同，但它们之间存在非常重要的共性，那就是都强调文本（texts）与词语（words）。本书第二章讨论的最后一个基本研究方法却并非如此，这就是格尔德·阿尔特霍夫（Gerd Althoff）的方法，以及他所提出的把情感视为“表演”（performances）的理论。尽管同样依靠文本描述情感的表演，但阿尔特霍夫所强调的是，统治者身体的

4

情感性示意动作（emotional gestures）是在向臣民传达其意志。

如何在具体的案例研究中使用这些不同的史学方法？我们以美国的《独立宣言》为例，说明当下流行的这四种研究方法。《独立宣言》显然是一份著名的文书，即便看上去并没有那么浓厚的情感色彩。然而，这一文书中反复表达的不满情绪，揭示出它的情感动作，而且，其中提及的“幸福”（happiness）一词——对幸福的追求被庄严宣告为一种普遍的不可被剥夺的权利——直接向情感史家们提出了无可回避的问题。

从本质上讲，“幸福”只是个词语。最近，许多历史学家都开始对词语与文本带来的限制表示不满。在考察了当前此类情感研究的主要趋势之后，我们意识到情感研究的共同主题是身体，且以两种主要方式来定义。一种方式把身体界定为受到限制的（bounded）与自主的（autonomous）。另一种方式认为身体是可渗透的（porous），向外部世界开放的——甚至是融入外部世界的。第三章从受到限制的身体开始。身体的各种器官都曾在不同时期与情感联系在一起。肌肉与内脏容易遭受疼痛。性别也一样，最初性别与性器官密切相关，而近来性别被视为“表演”。在详细解释这种研究方法时，有些历史学家提出，情感是身体的习惯性做法（habitual practices），这种习惯性做法既创造了也加强了人们的情感体验（emotional experience）。

我们在第三章中继续关注“可渗透的”身体。这种身体在影响外部世界的同时，也将之吸纳进来。我们考察了某些历史学家如何解释流出和流入身体的情动——在这种观点看来，情动即完全或大体上无意识的，与意向（intention）或说出来的言语完全不同的“情感”。我们探讨了身体如何与空间相互影响，身体进入空间并赋予空间以情感意义，恰如空间反过来影响人们。然后，我们转向身体与物质的可渗透的关系。在这类研究的最新成果中，人类学家、社会学家与历史学家已经开始思考“物的社会生活”（social life of things）。即使是日常的物件——如衣服、传家宝、家居摆设——都影响或者改变着我们的感受，并有助于塑造我们的需求和价值观，正如我们对物的塑造一样。例如，家喻户晓的莎士比亚遗嘱问题，他把自己“第二好的床”（second best bed）遗赠给妻子这件事，一直被解释为对他妻子的漠视。然而现在，借助于对其遗嘱的新的技术性分析，一个英国团队提出，莎士比亚是在写好其他条款后，又加入了这一条内容，加入这一条时他病得特别严重。因此，他的“第二好的床”，是众多的“一个即将走向死亡的男人所钟爱的象征物”之一。[①] 这一章的结尾，讨论了心态空间（mental space），心态空间通过回忆、梦境与想象把物质与空间结合在一起。

这几个章节讨论的是令人兴奋的前沿问题。但同时也提出了情感史将要——而且应该向哪里发展的问题。在第四章，我们考察了情感史在当今世界的地位，以及它在将来的地位。我们看到了情感史与情感科学，以及与其他领域的研究相结合的巨大潜力。我们探究了情感史对史学理论的影响。我们肯定了情感史所取得的重要成

① 关于莎士比亚的遗嘱，参见网址：http://blog.nationalarchives.gov.uk/blog/shakespeares-will-new-interpretation。

就，并审视了它在学术界面临的挑战。我们相信，情感史并不仅仅是“学术活动”，我们探寻了情感史在课堂之外的未来发展，认为在这些地方，情感史能够（并且应该）得到更广泛的传播。在这方面，我们举的例子是儿童书籍与电子游戏这两种在当今文化中影响力巨大的产品。我们在简短的结语里，接着讨论了对该领域提出的反对意见，最后，根据我们自己的看法，总结了情感史的主要成就。

6

尽管其后果可能并没有那么生死攸关，然而，我们自己也深陷苔丝狄蒙娜的困境。我们能够感受到自己与他人的情感，但却很难完全领会其真意。今天，科学家为我们提供了某些研究成果。而历史学家也另有见解，本书正是要介绍历史学家所能提供的教益。

第一章

科　学

7

“当我使用一个单词时，”矮胖子用一种轻蔑的语气说，“它的意思只能是我选择让它代表的意思——不多也不少。”“问题是，”爱丽丝说，“你是否能够让词语表达这么多不同的意思。”“问题在于，”矮胖子说，“以哪一个意思为主——仅此而已。”

刘易斯·卡罗尔：

《爱丽丝镜中奇遇记》

政治史研究的是权力关系：国王、王后、革命、宪法，诸如此类。军事史与战争有关：战役、武器、战斗，等等。对于这些主题，我们有较为明确的概念。但是情感史研究什么呢？除非我们先对一个事物进行定义，否则我们如何研究其历史？那么，什么是情感呢？

前现代的观点

尽管“情感”本身是一个较为晚近的词，但从古希腊时代开始，与其大致对等的词语——如悸动、动情和激情——已是西方语言的一部分。这些词语的语义场（semantic fields）之间，过去没有（现在依然没有）精确的相关性，而且，即使是现代英语中的“情感”（emotions）一词，在不同的研究者那里所指的意思也不同。然而，只要我们分辨出这些词语的模糊性，就足以讨论它们之间的共性。①

8 很长时间以来，对情感进行理论化研究是哲学家关注的领域。亚里士多德（卒于公元前322年）在他的著作《修辞学》的第二卷中，专门论述过这个问题。演说家不得不说服他的听众改变想法，这不仅是陈述事实，而且还是感动人心的问题。亚里士多德说，情感（他所使用的古希腊语是pathe）“是所有使人们改变对自己的判断的看法的动情，并伴随着愉悦和痛苦，如愤怒、怜悯、恐惧，以及所有类似的或相反的情感”。对亚里士多德而言，情感是认知的多种形式：情感取决于个人对任何既定情景的判断。细想一下愤怒这种情感——亚里士多德（以及其他古代哲学家）对愤怒非常感兴趣。愤怒是由“真正的或明显的轻视所引起的，当这种轻视是不应当的，它就会激起一个人或者他的某个朋友的愤怒”。这一定义依赖于认知：这意味着一个人不仅认为某人忽视了他（或她），而且觉得这种

---

① 最终归入“情感”一类的词语，其意义有很大差别。参见Claudia Wassmann, “Forgotten Origins, Occluded Meanings: Translation of Emotion Terms,” *Emotion Review* 9/2（2017）: pp. 163–171。

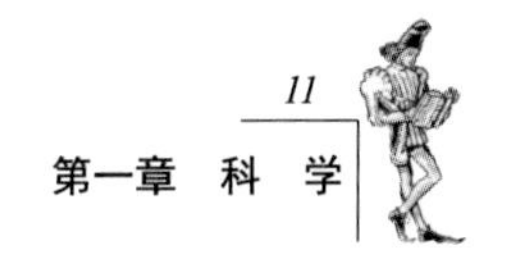

忽视是不应当的。[①]

后来，在希腊化时期（公元前 323—前 31），斯多葛派和伊壁鸠鲁派哲学家把情感作为一个专门的课题进行研究，但仅仅是为了掌控和压制情感。对于斯多葛派来说，情感包含两个前后相继的判断：首先是评估某个事物（无论是内在的还是外在的）是好是坏，其次是决定如何做出反应。总体看来，他们认为所有夹杂情感的反应都是错误的。人都没有办法避免情感在第一时间形成的烙印——某种消沉的感觉、脸红或者牙齿打颤，但聪明的人拒绝盲从这些"第一时间形成的烙印"，拒绝任由这些所谓"第一动向"（first movements）变成真正的情感。"毫无疑问，受到伤害的印象激起了愤怒。我们这里要问的是，是否这种愤怒是直接由印象产生的，或者愤怒是否是由心智的盲从而导致的。"罗马哲学家塞涅卡（卒于公元 65 年）如此写道。对他来说，盲从是一种关键因素。[②]

随着 4 世纪末罗马帝国皈依基督教，神学家而非哲学家成为情感的主要理论家。许多早期的基督教禁欲主义者接受了斯多葛派的谨慎看法，但其他人则对情感持欢迎态度——只要情感以正确的方式被引向上帝，而不是被引向此世的事物。希波的奥古斯丁（卒于 430 年）设定了讨论的条件："个人意愿的性质是一个有争议的问题。

9

① Aristotle, *Rhetoric* 2.1.8（1378a）, 2.2（1378b）, in Aristotle, *The "Art" of Rhetoric*, trans. John Henry Freese, London, 1926, p. 173. 更多有关亚里士多德的理论，参见 David Konstan, *The Emotions of the Ancient Greeks*, Toronto, 2006。

② Seneca, *On Anger* 2.1.4, 转引自 Margaret R. Graver, *Stoicism and Emotion*, Chicago, 2007, p. 94。

因为如果人的意愿转向错误的道路（背离上帝），它将使这些情感变得糟糕，但如果人的意愿（向上帝）直行，那么这些情感不仅不被指责，甚至值得嘉许。”[①]

13世纪，神学与哲学、医学相结合，随之而来的是关于情感的更为复杂的讨论。17世纪，哲学家和数学家勒内·笛卡尔的著作《灵魂的激情》（*The Passions of the Soul*，1649），似乎把思想与身体分隔开来，这种二元论观念对后世产生了长期的影响。哲学家和内科医生约翰·洛克的《人类理解论》（*An Essay Concerning Human Understanding*，1690），认为从爱情到羞耻等激情，是人类体验的产物。及至18世纪，神学家、医师和哲学家继续共同承担着把情感理论化的任务。但随着时间的流逝，世俗的、机械的和物理的方法开始占主导地位。进入19世纪，人们选择使用“情感”一词取代激情、动情，以及许多其他词语。作为适用于研究的方便而简单的类别，这一词语为实验科学家目前近乎居于垄断地位奠定了基础。可以肯定的是，社会学家和人类学家在这个话题上有很多话要说，我们将不时把他们纳入讨论范围。但是今天，公众最关注的是科学家。本章的其余部分，将探讨科学家的主要理论，因为现代情感史领域的历史学家通常无法——也不希望绕开他们。[②]

---

① Augustine, *The City of God* 14.6, 转引自 Barbara H. Rosenwein, *Generations of Feeling: A History of Emotions, 600–1700*, Cambridge, 2016, p. 31。

② 相关研究的进展情况，参见 Thomas Dixon, *From Passions to Emotions: The Creation of a Secular Psychological Category*（Cambridge, 2003）。又见 Otniel E. Dror, Bettina Hitzer, Anja Lauötter, and Pilar León-Sanz, eds, *History of Science and the Emotions* = *Osiris* 31（2016）。

情感科学

1981年，心理学家保罗·R.克莱宁纳（Paul R. Kleinginna）和安妮·M.克莱宁纳（Anne M. Kleinginna），对其同行所提出的令人困惑且日益繁多的情感定义颇感沮丧，他们试图找到这些定义的共同点。通过对这一领域的全面研究，他们发现了92个不同的定义和9个（对情感的）"质疑性说法"。他们综合所有这些，提出了一个混合性的定义，希望得到所有人的认同：

> 情感是由神经/激素系统导致的主、客观因素之间的一系列复杂的相互作用，它可以（a）产生情感体验，如唤醒某种感觉，无论是愉悦的还是不愉快的；（b）导引认知过程，例如与情感有关的感知效果、评判、分类标记过程；（c）激活对唤醒条件的各种生理调节；（d）引发某种行为，这一行为常常但并非总是可表达的、目标导向的和适应性的。[①]

10

尽管这一定义经常被引用，但几乎没有人采纳该定义，这无疑是因为它试图使所有人满意，但却使所有人都不满意。

实际用处更大的定义，出自心理学家兰道夫·科尼利厄斯（Randolph Cornelius）1996年出版的教科书《情感科学》（*The*

① Paul R. Kleinginna, Jr., and Anne M. Kleinginna, "A Categorized List of Emotion Definitions, with Suggestions for a Consensual Definition," *Motivation and Emotion* 5/4（1981）: pp. 345–379, at p. 355.

Science of Emotion）。科尼利厄斯的定义，涵盖了现代心理学的四种基本理论：达尔文主义、詹姆斯主义、认知主义和社会建构主义。我们将在本章中对这几种理论加以评论，因为这些理论是当今科学家仍在使用的范式。并且，我们将一并展示，这几种理论如何在情感科学的最新趋势——神经心理学（neuropsychology）中展现自己。在第四章中，我们会看到，这些理论如何出现在我们的儿童书籍和电子游戏中，这使我们看到这些理论无处不在，不只体现在教科书中，还体现在当下的生活经历中，包括历史学家的生活经历。

本书还考察弗洛伊德的理论，或称心理分析理论。这一理论对于治疗和探究潜意识特别重要，但并不适合绝大多数科学家所偏爱的实验方法。心理分析在20世纪70年代盛行的“心理史”（psychohistory）研究中具有影响力。尽管肯定涉及情感，但心理分析和心理史都没有关注情感这一主题，而是关注欲望（drives，即所谓的性和死亡本能）及其在本我（id）、自我（ego）和超我（super-ego）随着个人与人际关系的发展而形成，以及发挥作用方面所扮演的角色。[①]

心境（moods）、感受、感情、情动，这些是不是情感？

当科尼利厄斯开始撰写有关情感科学的著作时，他提供了一些案例，而不是仅给出抽象的定义：“这是一本有关情感的书。这也是

① 关于情感在心理分析理论中的地位的考察，参见Jorge Canestri, “Emotions in the Psychoanalytic Theory,” in *From the Couch to the Lab: Trends in Psychodynamic Neuro- science*, ed. Aikaterini Fotopoulou, Donald Pfaff, and Martin A. Conway, Oxford, 2012, pp. 176–185。

一本关于欢乐、爱情、愤怒、恐惧、幸福、内疚、悲伤、尴尬、希望和许多其他情感的书。"[①]我们大多数人（当然也包括大多数科学家）都同意，悲伤是一种情感。但是，"压抑"（depression）是一种情感吗？感受和情感是同一种东西吗？当我们说"我'感到难过'"（I am "feeling sad"）时，毫无疑问，我们的意思是在表达一种情感。但是当我们说"你伤害到我的感受"（You hurt my feelings）时，没有任何一种情感受到伤害。在某种程度上，情感历史学家不必太担心这些细微的区别，首先是因为这些差别不一定是过去所导致的（它们是时代倒错的），其次是因为历史学家必须要处理的，是以往很少有人将其整齐划一地标记为"情感"的复杂现象。

但是，"情动"一词，却带来了某种不同的问题。在历史和科学领域，许多学者都将情动等同于情感来使用，而有意把情动与诸情感理论区分开来，这也一直是情感理论的关键。这是在现代发展出来的。affect 一词源自拉丁语 *affectus*，传统上或者用来**泛称**情感（for the emotions），或者用来指称某种**具体的**情感（one of the emotions）。在 5 世纪，奥古斯丁将这个词与其他表达情感的词语互换使用——与烦扰（perturbations）、动情（affections，这个词与 affect 词根相同）、灵魂的悸动（motions of the soul）和激情（passions）等词语的拉丁语等同词互换使用。奥古斯丁认为，所有这些都属于意愿（will）——灵魂（或心灵）的一种能力。当转向上帝时，所

① Randolph R. Cornelius, *The Science of Emotions: Research and Tradition in the Psychology of Emotion*, Upper Saddle River, 1996, p. 1.

有的情感都是好的，但如果转向世俗的事物，则所有的情感都是坏的。然而，到12世纪，情动（affect，以及与之相关的词语，如affections）往往专门与爱（love）联系在一起。图卢兹伯国法院的法官，使用*affectuosus*（一个表示“充分情动”的形容词）来表示“钟情”（affectionate）。大约在同一时期，修道院院长里沃的艾尔雷德（Aelred of Rievaulx），将*affectus*定义为一个人对另一个人的本能的喜爱。总的来说，正是非理性的能量赋予爱以力量，无论是好的还是坏的。[①]

非理性因素是当今的情动理论家所抓住的特征。随着情感理论越来越强调情感的“认知”本质，情动理论家已将情动划分到非理性领域。根据这些学者的看法，情动是我们生活中前意识的（pre-conscious）、前情感的（pre-emotional）、前语言的（pre-verbal）力量。后面谈到认知主义理论的批评者时，我们将再回到情动理论上来。

12

查尔斯·达尔文：作为习惯的情感

查尔斯·达尔文（卒于1882年）是第一位现代情感科学家，他的理论仍然以改头换面的形式在当今所有科学家中具有最强影响力。外行人在思考情感时，通常首先想到的是主观的**感受**。相反，达尔文对情感的身体“表达”（expression）非常感兴趣。而且，他怀疑

① 参见Rosenwein, *Generations of Feeling*一书中所有关于affects的含义的分析。关于里沃的艾尔雷德的affect概念，参见Damien Boquet, “Affectivity in the Spiritual Writings of Aelred of Rievaulx,” in *A Companion to Aelred of Rievaulx（1110–1167）*, ed. Marsha L. Dutton, Leiden, 2017, pp. 167–196.

这些表达在当代人类生活中是否还在起作用。这些表达源于生存的目的，并且一直被遗传下来。为什么当人们惊讶的时候会睁大眼睛？达尔文这样回答："当受到惊吓时，我们自然希望尽快地通过感知找到原因。因此，我们把眼睛完全张开，从而可以扩大视野。"[①] 在今天的惊喜生日派对上，同样的动作却丝毫没有原来的功用。即使这样，我们依然会睁大眼睛，因为这已然是一种"内在的"（built in）习惯。

正如有关惊讶的例子所表明的那样，达尔文认为，情感经常通过面部来表达。杜兴·德·布洛涅（Duchenne de Boulogne）在1862年发表的"人类情感"照片使达尔文非常兴奋。[②] 杜兴用电击刺激那些面部神经障碍患者的面部肌肉，以此诱导他们做出各种各样情感表达的"样子"（look）。他适时地把这些面孔拍摄下来。尽管这样表达不可能代表照片中人们的感受（毕竟他们是被动地受到电击刺激），但杜兴和达尔文都认为，这些照片代表了真实的情感（见插图1）。

达尔文的理论一直盛行到20世纪上半叶，并在20世纪70年代得到新的发展，这尤其得益于保罗·埃克曼（Paul Ekman）的努力。在一项著名的研究中，埃克曼和他的合作者华莱士·弗里森（Wallace Friesen）声称，有6种表达情感的面部表情——愤怒、厌恶、恐惧、幸福、悲伤和惊奇——是具有普遍意义的。这是因为，这些面部表

---

① Charles Darwin, *The Expression of the Emotions in Man and Animals*, New York, 1898（orig. publ. 1872）, pp. 280–281.

② G.-B. Duchenne de Boulogne, *The Mechanism of Human Facial Expression*, ed. and trans. R. Andrew Cuthbertson, Cambridge, 1990.

插图 1　达尔文的《人与动物的情感表达》（*The Expression of the Emotions in Man and Animals*, 1872）一书中的笑脸

图中左侧依次排列着三个微笑的女孩，与之相对照的，是同一个男人的三张微笑的面部照片。但这个男人并不是真的在微笑：这是由 G.–B. 杜兴·德·布洛涅进行实验时拍摄的部分照片，这个实验是对面部瘫痪的患者进行电击刺激。对于杜兴和达尔文来说，这个人的微笑是人为造成的，这一性质反而使他的全部情感表达更加“客观”。

情不仅被西方人“正确地”识别，而且还能被新几内亚福尔部落（Fore tribal group）的受试组成员“正确地”识别。埃克曼和弗里森（或更确切地说是他们在当地的翻译）向他们的福尔部落受试者描述一个场景——例如，“他（她）的朋友来了，他（她）很高兴”——然后从相应的6种可供选择的面部表情照片中，（向受试者）出示一张“正确的”面部表情照片，以及一张或两张“不正确的”照片。选择正确面孔的受试者比例从100%（当幸福的面孔与厌恶和愤怒的面孔一起出现时）到28%（当恐惧的面孔与惊讶和悲伤的面孔搭配时）变化不等。如今，这6种情感以及后来又添加的“蔑视”通常被认为是“基本”情感。[①]

13

埃克曼及其追随者们并不否认，某些文化所使用的面部表情与照片中的表情完全不同。但他们认为，这些差异可以由表面的“展现规则”（display rules）加以解释。而“真正的”情感却以非常短暂的“微表情”（micro expressions）展现出来。[②]

埃克曼的研究遭到各学科学者的广泛批评。埃克曼与他的福

① 最早的研究，参见 Paul Ekman and Wallace V. Friesen, “Constants across Cultures in the Face and Emotion,” *Journal of Personality and Social Psychology* 17（1971）: pp. 124–129。他们此后追加了“蔑视”，参见“A New Pan-Cultural Facial Expression of Emotion,” *Motivation and Emotion* 10（1986）: pp. 159–168。20世纪90年代，埃克曼写了许多文章为“基本情感”概念进行辩护，最终发表了一篇回顾性文章：“Basic Emotions,” in *Handbook of Cognition and Emotion*, ed. Tim Dalgleish and Mick J. Power, Chichester, 1999, pp. 45–60。在这篇文章的第55页，他列出了愉悦、愤怒、蔑视、满足、厌恶、尴尬、兴奋、恐惧、内疚、自豪、解脱、悲伤/痛苦、满足感、感官愉悦和羞耻。他没有将所有这些联系到面部表情本身，而是（在第47页）联系到各种“能够加以区分的具有普遍意义的信号”。

② 参见网址：http://www.paulekman.com/micro-expressions。

尔部落受试者最初进行互动时，人类学家 E. 理查德·索伦森（E. Richard Sorenson）就在现场。这样的测试设计没有给他留下什么深刻印象，并且他指出翻译人员可能会影响受试者的某些回答。他本人将埃克曼的照片展示给同一批福尔部落受试者，但却没有在照片上附加故事，“许多人表现出不确定、犹豫和困惑。有些人完全说不出话来，另一些人甚至发抖”。心理学家詹姆斯·A. 拉塞尔（James A. Russell）指出，这些故事很可能向福尔人表明，这些面孔是应对具体情况做出的反应，而非情感本身。他还指出，埃克曼的照片（就像杜兴的照片一样）是摆拍表情而不是本能反应：那这些照片如何能展现“真正的”情感呢？历史学家露丝·利斯（Ruth Leys）把埃克曼的研究置于 20 世纪 60 年代及以降的科学议题与假说语境之下进行分析，指出埃克曼的研究甫一问世即招致许多反对的声音，但他的研究之所以具有吸引力，很大程度上是因为它避免了对人的意向（human intention）进行任何讨论，而人的意向这一主题需要深入的语境分析。在这种情况下，利斯还谈到“埃克曼的方法增强了研究的便利性”。甚至他的批评者们，也在使用他的照片。①

① E. Richard Sorenson, *The Edge of the Forest: Land, Childhood and Change in a New Guinea Protoagricultural Society*, Washington, DC, 1976, p. 140; James A. Russell, “Is There Universal Recognition of Emotion from Facial Expression? A Review of the Cross-Cultural Studies,” *Psychological Bulletin* 114（1994）: pp. 102–141; Russell, “The Contempt Expression and the Relativity Thesis,” *Motivation and Emotion* 15/2（1991）: pp. 149–168; Ruth Leys, “How Did Fear Become a Scientific Object and What Kind of Object Is It?” *Representations* 110（2008）: p. 66–104, at p. 88. 最近的一些研究，参见 Carlos Crivelli, James A. Russell, Sergio Jarillo, and Jose-Miguel Fernandez-Dols, “Recognizing Spontaneous Facial Expressions of Emotion in a （转下页）

的确，今天的各类心理学家所做的为数众多的实验，都使用一组组摆拍的面部照片来代表基本情感。神经心理学家有时将这些面孔与功能性磁共振成像（fMRI）研究一起使用，以讨论“情感处理”（emotion processing）。功能性磁共振成像仪扫描大脑中的氧气水平，更高的氧合作用表示增强的刺激。在已发表的实验结果中，高度氧合的大脑区域通常以彩色显示。因此产生了下面这类实验。例如，泰勒·凯丁（Taylor Keding）和瑞安·赫林加（Ryan Herringa）让未遭受创伤的健康青年与遭受创伤后应激障碍（PTSD）的青年受试者，观看“中性的”面部表情转为“愤怒”或者“快乐”，然后对两者的大脑扫描结果进行比较。研究人员观察了被称为杏仁核 / 海马体（amygdala/hippocampus）的区域和内侧前额叶皮层（medial prefrontal cortex）以及整个大脑后，得出结论说：“患有创伤后应激障碍的青年人与愤怒面部的连通性（connectivity）降低，但与幸福面部的连通性增强。”简而言之，他们的发现表明，患有创伤后应激障碍的年轻人，必须调动比其他年轻人更多的精神资源来处理快乐的面部。①

14

神经心理学家塞巴斯蒂安·容根（Sebastian Jongen）和他的同

（接上页）Small-Scale Society of Papua New Guinea,” *Emotion* 17/2（2017）: pp. 337–347。这篇文章表明，一组原住居民自发的面部表情，并不能根据埃克曼就另一组原住居民所做的预测而得到解释。

① Taylor J. Keding and Ryan J. Herringa, “Paradoxical Prefrontal-Amygdala Recruitment to Angry and Happy Expressions in Pediatric Posttraumatic Stress Disorder,” *Neuropsychopharmacology* 41(2016): pp. 2903–2912. 被使用面部的例子在一个单独的文件中，补充材料，第9页(参见补充图表1）。

事，进行了一项类似的研究，试图确定与错误的“面部情感识别”有关的大脑区域，有些人经常误判此类线索（这种缺陷被称为述情障碍 [alexithymia]）。研究人员根据埃克曼及其同事拍摄的照片，进行一项 FEEL（面部表情情感标记分类 [Facially Expressed Emotion Labeling]）测试。他们要求受试者（有些患有述情障碍，有些人没有）说出 48 张照片中表现的情感，每张照片在计算机屏幕上显示两秒钟。他们发现，患有重度述情障碍的人在尝试识别面部情感时，没有运用与其他人一样的大脑部位。正如该实验所显示的那样，当今深受达尔文主义影响的心理学家们，并不认为情感只是来自更原始的过去的遗留物；他们认为情感即使在现代世界中，也具有真实而重要的社会功能。这就是为什么患有述情障碍的人被认为不正常，而非过度文明化（ultra-civilized）的人。[①]

威廉·詹姆斯：作为身体征状的情感

威廉·詹姆斯（卒于 1910 年）在达尔文（的研究）不久之后，就开始关注情感这一话题。他也深信情感是内在于身体的。但是他感兴趣的是身体——与其说是面部，不如说是身体内部器官的变化——如何体验情感，这种体验，甚至在人们以一种方式用面部来表达这些情感之前，或者在能够找到一个词语去描述这些情感之前就已存在。因此，詹姆斯声称：

15

① Sebastian Jongen, Nikolai Axmacher, Nico A. W. Kremers, et al., “An Investigation of Facial Emotion Recognition Impairments in Alexithymia and its Neural Correlates,” *Behavioural Brain Research* 271（2014）: pp. 129–139.

> **如果我们想象某种强烈的情感，然后尝试从我们的意识中抽象出其特有的身体征状的所有感觉，我们发现再没有其他什么东西了**，没有什么能够构成情感的“思想材料”（mind-stuff），所有的只是一种冷静和中立的知性的感知（intellectual perception）状态…… 如果既没有心跳加快，也没有呼吸急促，既没有嘴唇颤抖，也没有四肢无力，既没有起鸡皮疙瘩，也没有触动肺腑，那简直难以想象还会有什么样的恐惧之情。

像达尔文一样，詹姆斯认为这些身体变化是自主的，受到某种感知的激发，“**身体变化就会直接发生……而当这些变化发生的时候，我们同时感受到的是情感**”。接着，“我们感到难过，因为我们哭泣；生气因为我们击打；害怕因为我们发抖”。我们赋予这些感觉的名称——悲伤、愤怒、恐惧——其本身就是“苍白的、失色的、缺乏充满情感的温暖”。只有身体真正了解情感。①

而且，身体以一种特殊的带有自身特征的方式，感受到每种情感。心跳、脉搏、胃及肠道、呼吸、肌肉运动有很多可能性和组合。诚如詹姆斯所言：“这些机体活动对各种排列和组合非常易感，因此抽象说来产生了如下可能：当从整体上进行考虑时，没有

① William James, *Principles of Psychology*（Cambridge, 1890）, 2: pp. 446–485, 网络资源见 http://psychclassics.yorku.ca / James/Principles/ prin25.htm, at p.452。黑体原文如此。William James, “What is an Emotion?” *Mind* 9（1884）: pp. 188–205, at pp. 189–190, online at http://psychclassics.yorku.ca/James/emotion.htm.

任何一丝情感（无论如何细微），不伴随着就像心理情绪（mental mood）本身一样独特的身体上的反应。”然而，詹姆斯的重点是身体感受的多种层次，而不是在这种或那种身体变化与这种或那种情感之间找到绝对性的关联，因为“我们每个人几乎都有某些表达上的特质，每个人的笑或者抽泣，都与他的邻居不一样”。然而，他推测，如果我们调动了某种情感的所有生理征状，我们就会感受到这种情感本身。但由于实际上，很少有情感的身体构成部分能够自愿受到人的操控，詹姆斯怀疑自己的这一说法是否可以通过实验进行验证。①

詹姆斯的理论很快便与卡尔·兰格（Carl Lange，卒于 1900 年）的类似理论相结合，今天通常被称作詹姆斯－兰格理论（James–Lange theory）。这一理论在发展过程中的起起落落，比达尔文的理论所经历的更大。它在 20 世纪 30 年代遭到普遍拒绝，最近又卷土重来。今天的心理学家发现身体变化会引起特定的情感，他们的工作遵循詹姆斯主义的传统是说得通的。他们经常说“身体反馈”（bodily feedback）：我们用身体的所作所为产生了情感。例如，对此进行的大量研究表明，摆出一张快乐的脸会使我们感到快乐。最近，神经科学家也加入了这种讨论。例如安东尼奥·达马西奥（Antonio Damasio）提出：“动作……从面部表情和身体姿势到复杂的行为”产生了身体内部的反应，这些反应在大脑的各个区域“以独特的方式”

16

① James, “What is an Emotion?”, p. 192; James, *Principles*, p. 448.

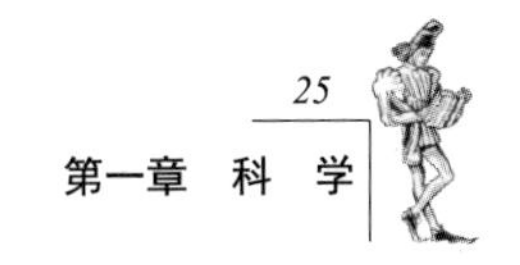

表现出来。[①]

认知主义者的观点：作为思维的情感

当亚里士多德和其他古代哲学家谈论情感时，他们强调的是人的判断，而非人的身体。从 20 世纪 60 年代开始，心理学家重回这一立场，将情感定义为某种评判。“要唤醒一种情感，该客体必须被评判为以某种方式影响了我，影响到作为拥有自己独特经历与独特目标的个体的我本人。”根据这种观点，情感首先是一些进程。这些进程始于评判，并继而产生行为、生理反应，以及主观感受（subjective feelings）。这些因素相互间往复影响，如此一来，所有这些因素——包括最初的评判本身——开始不停地相互影响且相互改变。[②]

从符合理性或依赖语言的意义上来说，评判不一定就是“认知性的”（cognitive）。的确，这些评判很有可能是无意识的、前语言的和瞬息万变的。例如，持评判观点的理论家进行的一项特别实验发现，婴儿在大约 9 个月大时，开始将注意力集中在“注视新奇的意外刺激的方向”上。这与儿童重要的认知转变相吻合，这种转变使得儿童对“惊奇诱导”（surprise-inducing）的情况做出判断的可能性

---

① 关于詹姆斯理论遗产的总结性论文集及其对今天的重要意义，参见 *Emotion Review* 6/1（2014）: pp. 3–52。A. R. Damasio, T. J. Grabowski, A. Bechara, et al., “Subcortical and Cortical Brain Activity during the Feeling of Self-Generated Emotions,” *Nature Neuroscience* 3/10（2000）: pp. 1049–2000.

② Magda B. Arnold, *Emotion and Personality*, vol. 1: *Psychological Aspects*, New York, 1960, p. 171; Agnes Moors, Phoebe C. Ellsworth, Klaus R. Scherer, and Nico H. Frijda, “Appraisal Theories of Emotion: State of the Art and Future Development,” *Emotion Review* 5/2（2013）: pp. 119–124. 此文包含对该领域研究现状的综述。

更高。①

正如该实验所显示的那样，相比于文化差异，运用评判理论的心理学家对个体差异和发展差异更感兴趣，尽管他们承认文化差异是可能的。评判理论假设，不同的人对同一刺激的反应是不同的，17 这取决于他们的判断、目标和价值观。但是如果他们做出相同的评判，他们就会有同样的情感。因此，并非每个人都会对同一件事情表现出惊讶，但总的来说，所有的刺激如果超出了人们“所预期的”（what is expected），都会使他们感到惊奇。从事认知传统研究的神经科学家，试图寻找参与到这种评判过程中的神经基质（neural substrates）。例如，戴维·桑德（David Sander）及其同事发现，大脑的杏仁核是一种“相关性检测器”（relevance detector），它有助于评判刺激与个人需求和兴趣的相关性。②

情动理论：一种反对认知主义的叛逆

认知主义激起了研究者的反应，他们认为这种情感观过于“理性”。由于如今已经开始把情感定义为各种判断（无论如何直接与无意识的），一些心理学家试图在人类行为及其动机的理论中恢复非理

---

① Klaus R. Scherer, Marcel R. Zentner, and Daniel Stern, “Beyond Surprise: The Puzzle of Infants’ Expressive Reactions to Expectancy Violation,” *Emotion* 4/4（2004）: pp. 389–402, at p. 389, p. 398; 又见 Kevin N. Ochsner, “How Thinking Controls Feeling: A Social Cognitive Neuroscience Approach,” *Emotion* 4/4（2004）: pp. 106–136。

② Moors, Ellsworth, Scherer, and Frijda, “Appraisal Theories,” p. 121; David Sander, Jordan Grafman, and Tiziana Zalla, “The Human Amygdala: An Evolved System for Relevance Detection,” *Reviews in the Neurosciences* 14（2003）: pp. 303–316.

性的地位。他们断言在情感**之前**存在某些东西，甚至可能是与情感完全分离的。这种东西就是“情动”。

情动理论（affect theory）的主要倡导者是西尔万·汤姆金斯（Silvan Tomkins，卒于 1991 年）。作为一位爱好哲学的心理学家，他对人类动机背后的东西感兴趣。保罗·埃克曼是他的学生之一，他的“基本情感”（见前文）与汤姆金斯的情动列表非常相似，后者包括兴奋、喜悦、恐怖、愤怒、羞辱、轻蔑、苦恼、惊奇。[①] 但是，在埃克曼使用“情感”一词的同时，汤姆金斯却使用了“情动”这一术语——该词源于威廉·冯特（Wilhelm Wundt）和西格蒙德·弗洛伊德的传统用法。弗洛伊德强调了欲望——尤其是性欲——是人类行为的基本动机；汤姆金斯认为，情动甚至是更为强烈的动机。“我认为情动是主要的先天性生物激励机制，比欲望被剥夺（drive deprivation）和享乐更加紧迫，甚至比身体的疼痛更紧迫。”汤姆金斯在 1984 年写的一篇总结其理论的文章，即是以此作为开篇。他解释说，呼吸是一种欲望，我们需要呼吸，呼吸是必不可少的生物机制，但呼吸并不是一种**激励**机制。汤姆金斯说，激励人们呼吸的，是当呼吸突然中断时所引起的恐惧。例如，一个窒息的人处于巨大的恐慌状态。但是，当人们逐渐失去氧气时，就像在高空飞行的飞机上没有加压机舱或氧气面罩的情况下那样，他们感到愉快，死的

18

① Silvan S. Tomkins, “Affect Theory,” in *Approaches to Emotion*, ed. Klaus R. Scherer and Paul Ekman（Hillsdale, NJ, 1984）, pp. 163–195, at p. 165. 此处是简化的列表。在最初的列表中，汤姆金斯把每一种情动及其反射的情动“激活”（activation）的不同程度，双双对应起来。其中一个例子是恐惧 / 恐怖。

时候嘴唇上挂着微笑。而且，汤姆金斯断言，我们在窒息中感到的恐惧，与我们失业或听到自己患癌症时所感受到的恐惧是一样的（尽管可能不那么强烈）。其他的基本动机也是如此：它们被各种各样的情景所激活，并且它们（像恐惧一样）比趋乐避苦的欲望“更加紧急”。饥饿只能通过食物得到满足，但是兴奋有各种各样的目的：食物、性、享乐，甚至疼痛。没有“情动体系”（affect system），一切都没有意义；有了它，一切才变得重要起来。[①]

情动既由先天的也由后天习得的刺激激活，但是当一个人出生时，在最为初级的阶段，情动却是先天的。汤姆金斯理论的用意，显然是挑战以评判为基础的理论。他认为，只有他的理论才能解释先天的和后天习得的反应：“从产道分娩出来时，发出第一声啼哭的婴儿，在此之前还没有把新环境‘评判’为伤心之地。同样可以肯定的是，他以后会在讲述一个心爱之人的死亡的通信中学会哭泣，这种情况确实取决于这件事对他而言的意义，以及他对此做出的评判。”[②]

汤姆金斯为情动以及产生不同情动所需要的各种水平的刺激，假设了一个神经基质。情动的强度取决于汤姆金斯所说的“神经激发的强度”。窒息突然加大神经激发的强度，激活了恐惧。窒息（气体）突然释放时，神经激发强度迅速下降，结果是产生了喜悦。如果刺激是持续性的，而不是突然的，那么结果就是令人痛苦的消极

① Tomkins, “Affect Theory,” pp. 163–164.

② Tomkins, “Affect Theory,” p. 145.

的情动，或者在更高的激发水平上形成愤怒。

尽管汤姆金斯的理论从詹姆斯和达尔文那里借鉴了很多东西，但他的研究更适合在社会与交流中发挥作用。在研究婴儿的哭泣时，汤姆金斯观察到哭泣“不仅含有与自我和他人有关的，关于各种需要缓解的问题的信息，还可以激发自我和他人来消解这份信息”。在讨论微笑时，汤姆金斯假设神经激发的迅速减少会产生喜悦的微笑。这一经历被存储在记忆内，并在看到别人的笑脸时得以恢复。在这一点上，“另一个人的微笑能够引起共鸣”。这符合汤姆金斯的观点，即虽然言词很重要（例如在弗洛伊德的“谈话疗法”[talking cures] 或他的“自由联想”[free association] 方法中），但面部和人类即使在远处也能感知面部表情的能力，“在人类的交流中起关键作用……”①

19

今天，在一些科学讨论中，情动理论仍然非常重要。雅克·潘克塞普（Jaak Panksepp）通过对动物的研究提出，情动“与大脑皮层下的深层结构相连接，与原始的内脏－躯体（核心自我 [core self]）的外在表现相互作用”，而认知“涉及新皮层的信息处理”。他认为，情动是被“分解”为“更高级的情感”（higher emotions）的“原”（raw）力量。同样，由南希·斯坦（Nancy Stein）领导的团队认为，情动的反应是“自主的”，这一点与情感不同。它们是对拥有高水平的“速度、强度和持久性”的刺激的无意识反应。在这一观点看来，情动是“传达生理反应中的变化状态的一些进化中的原始信号”。它们与

① Tomkins, “Affect Theory,” pp. 168, 170, 175, 178, 180.

情感不同，因为它们“很少或不涉及认知评判”。[①]

情动理论的重要性，在《情感与情动科学读本》（*Companion to Emotion and the Affective Sciences*）这本出版物中得到强调：在许多简短的词条中，有“情动（哲学角度）”“情动（心理学角度）”“作为信息的情动模式”（affect-as-information model）以及“情动突发”（affect bursts）。然而，正是这本出版物使该主题的争议性质更加明确。正如路易斯·C. 查兰德（Louis C. Charland）指出的那样，“关于‘情动’的含义的科学争论，可能已经上升到需要对‘情动科学’（affective science）的目标和边界进行彻底反思的程度”。[②]

被创造的情感：社会建构主义者的观点

情动理论是对情感的先天性（inborn nature）的激进表述，而社会建构主义则强调文化及其变化。社会学家、人类学家和哲学家是

① Jaak Panksepp, “The Affective Brain and Core Consciousness: How Does Neural Activity Generate Emotional Feelings?” in *Handbook of Emotions*, ed. Michael Lewis, Jeannette M. Haviland-Jones, and Lisa Feldman Barrett, 3rd ed., New York, 2008, p. 48; Nancy L. Stein, Marc W. Hernandez, and Tom Trabasso, “Advances in Modeling Emotion and Thought: The Importance of Developmental, Online, and Multilevel Analyses,” in *Handbook of Emotions*, pp. 574–586, at p. 578. 还有不少其他心理学家，互换使用“情感”和“情动”，参见 Alice M. Isen, “Some Ways in Which Positive Affect Influences Decision Making and Problem Solving,” in *Handbook of Emotions*, pp. 548–573。这篇文章在第 548 页中提到“对于情感以及日常常见的温和的情动（包括感受、情感）在人们的思维和行为中所起的作用的理解，仍然相对薄弱”。

② David Sander and Klaus R. Scherer, eds, *The Oxford Companion to Emotion and the Affective Sciences*, Oxford, 2009, pp. 9–11, at pp. 9–10.

社会建构主义运动的主要推动者。[①] 但是，情感的社会建构理论主要是心理学家的创造：他们了解并从评判理论中获益，但是他们同时重视"对语言的敏感性和对人类文化多样性的认识"。在他们看来，正如心理学家詹姆斯·阿夫里尔（James Averill）所说："情感可以被认为是指导评判情景、组织响应和监控（解释）自我行为的信念系统或图式。"阿夫里尔并不认为这样的图式是普遍性的——在进化过程中"硬连线"（hardwired）到人类的心理中，而是认为它们代表了习得的和内在化的社会规范。例如，社会建构主义者认为有这样的可能，如"幸福"并不是在任何时代任何地方都存在的一种情感。在某些地方，它甚至可能不被视为一个概念或词语。[②]

20

如果像社会建构主义者所认为的那样，情感是习得的，那么情感就像演员记忆中的台词与动作一样。在一些社会建构主义者

① 关于社会建构主义的开端，参见 Peter L. Berger and Thomas Luckmann, *The Social Construction of Reality: A Treatise in the Sociology of Knowledge*, Garden City, NY, 1966。关于社会学与情感，参见 Jonathan H. Turner and Jan E. Stets, *The Sociology of Emotions*, Cambridge, 2005; Eduardo Bericat, "The Sociology of Emotions: Four Decades of Progress," *Current Sociology* 64/3（2016）: pp. 491–513。有关人类学的内容，参见 Lutz, *Unnatural Emotions*。

② Rom Harré, ed., *The Social Construction of Emotions*, Oxford, 1986, vii. 该书中足有一半的撰稿者来自于心理学系，其他大部分学者要么来自哲学，要么来自人类学；James R. Averill, "The Acquisition of Emotions during Adulthood," in *The Social Construction of Emotions*, pp. 98–119, at p. 100。关于幸福，参见 Anna Wierzbicka, *Emotions across Languages and Cultures: Diversity and Universals*, Cambridge, 1999, pp. 51–54；Barbara H. Rosenwein, "Emotion Keywords," in *Transitional States: Cultural Change, Tradition and Memory in Medieval Literature and Culture*, ed. Graham D. Caie and Michael D. C. Drout, Tempe, AZ, 2017, pp. 33–51。

的笔下，情感表达变成一种“实践”或表演。[①] 当人们表达一种情感的时候，他们是在扮演一种角色。这个角色可能包括手势、喊叫、眼泪、脸红、睁大的双眼。这通常意味着以特定的方式说出某些词语。这个角色不会感受到虚假——或者至少并非一定如此。并且，考虑到“反馈”的可能性，情感的表演甚至可能诱发人们感受到他们打算展现的情感。但是，当研究人员谈论“情感表演”时，他们的重点是人们使用情感语言和手势时约定俗成的和习惯性的方式。这些通常涉及情感“展现规则”（display rules）的利用。在这方面，社会建构主义者的观点与达尔文主义者有异曲同工之处。

有时，情感的“表演”与哲学家 J. L. 奥斯汀（J. L. Austin）所说的“施为性”（performatives）联系在一起。[②] 奥斯汀指出有些言说是对事件的描述：“狗有毛皮”“这位歌手穿着一件红色连衣裙”。这些陈述是“描述性”（constatives）的。但是其他的陈述会产生转换。当法官宣判“这个被告有罪”时，他或她就完全改变了被告人的身份，这个有罪宣判具有“施为性”的意义。

哲学家罗伯特·所罗门（Robert Solomon）对情感的看法，紧随奥斯汀的脚步：“我们可以说，情感是 J. L. 奥斯汀所说的‘施为性’的前语言类似物——施为性是判断，这些判断是**行事**而不是简单地

21

① 这个观念可以追溯至社会学家与人类学家皮埃尔·布尔迪厄的著作：Pierre Bourdieu, *Outline of a Theory of Practice*, Cambridge, 1977（该书首版为法语，于1972年出版）。

② 参见 J. L. Austin, *How to Do Things with Words: The William James Lectures delivered at Harvard University in 1955*, Oxford, 1962。

描述事情或评判事态。”“那只狗吓到我了”并不是在对那只狗进行描述。要说是在描述我们害怕，很可能也是不对的。但是，这个陈述本身是一种评判性判断，把狗变成了导致我们恐惧的一个对象。这种想法很大程度上归功于认知主义的传统，它强调主观评判。所罗门的观点属于社会建构主义，但有一点新意。所罗门没有谈论社会规范的内在化，而是谈论多种并且经常是相互冲突的规范：“我们不是创造而是被教导我们在情感判断中采用的解释形式和评判标准……至少在眼下的社会中，我们的问题在于，实际上总是存在这些形式和标准的多套备选方案。”[①]

情感表演，大体上是关于人们采取什么样的行为及其对他人的影响，情感表演很自然地融入这些行为的编排意图之中。在这种情况下，情感是被从外部“管理”（managed）的。就像乐队的成员必须努力按照指挥的要求演奏一样，人们也必须努力按照被期许的那样来表演自己的情感。有许多潜在的管理者：国家、雇主、家庭、宗教领袖。研究者通常不会一下子讨论到所有的方面，尽管所罗门认为他们应该这样做。特别是，社会心理学家曾经倾向聚焦于雇主，例如，他们发现服务行业通常要求从业者开朗。阿莉·霍赫希尔德（Arlie Hochschild）进行了最为经典的情感管理研究。最令人难忘的是，她观察了空乘人员的培训，指出他们如何被教导不仅要微笑并且看上去愉快，还要去**感受到**微笑与愉快——把雇主希望他们做到的“情感规则”（emotion rules）内在化。霍

① Solomon, *The Passions*, pp. 196, 199.

赫希尔德把这个过程称作“情感劳动”（emotion labor, 见插图 2）。由于社会建构主义者强调社会规范、情感的表演、情感的管理者以及情感管理过程，乍看之下，他们似乎把情感置于身体之外。但其实并非如此。对于他们来说，情感同时处于身心之中。两方面都遵从社会规范，因此，这些社会规范可以说成是“被体现出来的”（embodied）。[①]

少数神经科学家也按照社会建构主义范式进行研究工作。他们假设，无论是心理（例如认知、情感和概念化）还是身体（肌肉运动、心跳、脸红等等），两者的活动最终都追溯到大脑。一些神经心理学家已经提出了一种称为“情感心理建构”（the psychological construction of emotions）的理论。心理建构主义抛弃了身心之间的区别：心理是“置于一定情景中的大脑与身体”（brain and body in context）。而且，这一理论认为，情感与认知两者都是同一类事物：概念化（conceptualizations）。大脑是“一定情景中的概念化生成器”（situated conceptualization generator）。[②]

22

让我们剖析一下这个重要的陈述，先讲最后一句话。如果大脑**整体上**是一个概念的“生成器”，那么科学家把大脑的这种或那种结构视为这种或那种情感的“部位”，就是错误的。在心理建构主义者

① Arlie Hochschild, *The Managed Heart: Commercialization of Human Feeling*, Berkeley, 2012（该书首版时间为 1979 年）。

② Lisa Feldman Barrett and James A. Russell, eds, *The Psychological Construction of Emotion*, New York, 2015, pp. 86, 101–102.

插图 2 20 世纪 60 年代中后期，美国航空公司的空姐

这位空姐在提供餐食服务时，脸上洋溢着愉快的笑容。正如社会学家阿莉·霍赫希尔德所说，她是一名成功的航空公司员工的典范，通过不懈的“情感劳动”，学会了感受自己所展现出的快乐。

看来，解剖学意义上的大脑“区域”只是幻影。[①]相反，大脑的所有活动，都涉及整个大脑的神经元网络之间的相互作用。这些活动并没有在情感、认知、记忆和感知之间进行精确划分。所有这些活动，都与大脑的三个基本“心理进程”（mental processes）有关，它们涉及“（1）代表来自外部世界的基本感官信息；（2）代表来自身体的基本体内感受性的感觉；（3）通过激活先前经验所存储的表征（representations），赋予内在和外来的感觉以意义”。[②]

“赋予意义”（making meaning）这个短语，开始触及“一定情景中的概念化生成器”这个概念中的“概念化”这一部分。我们天生具有监视我们内部和外部环境的适应性的大脑机制。大脑会保留这些知觉，在我们的记忆中建立各种模式，以便我们慢慢地开始理解这个世界。我们最初并不知道自己饿了，但是当我们喝到牛奶时，我们会感到满足，并且这些“先前经验所存储的表征”，使我们逐渐地能够将对食物的需求与我们称之为饥饿的“概念化”过程结合在一起。同样，我们并不是在生命初期就知道我们在生气，而是逐渐地把来自我们消化道与其他身体器官的感觉——我们的体内感受性的感觉——与我们周围的人所称的愤怒联系在一起。最终，我们将某种感觉确定为“愤怒”。

---

① 一些并不特别关注情感的神经科学家也“解构”了旧的大脑结构的观点。参见 Larry W. Swanson and Gorica D. Petrovich, “What is the Amygdala?” *Trends in Neurosciences* 21（1998）: pp. 323–331, at p. 323。该文第 323 页谈到，“扁桃体既不是一个结构性的单元，也不是一个功能性的单元”。

② *Psychological Construction*, p. 116.

但是，如果我们周围的人——因此我们也是——没有照此把那些感觉、动作以及哭泣确认为“愤怒”，而是完全不当回事，那又怎么样呢？或者，如果把它们与其他感觉联系在一起，又当如何呢？ 23 这是当人们说“一定情景”时，所指的意思的一部分（另一部分是大脑在生理方面的情景性，以及自我的内在感受性）。大脑存在于一个社交世界中，这种社交世界赋予了它语言和类别（例如“情感”）。这个世界有自己的目标和价值观。情感是概念化的，正如“昆虫”是概念化的一样。但是，与昆虫不同的是，情感“反映了人们在自己的文化背景下认为重要和有意义的反复出现的情景的结构”。然而，心理建构主义的重点不是在文化背景上，而是在涉及“每一种情感的每一个个体实例”的大脑系统上。那么，愤怒不是一个“实体”（entity）。对于涉及我们彼此关联的实例的大脑状态，这只是一个方便的词。分类是有用的，因为它使我们为“特定情景中的行动”做好了准备。比如，如果我们生活在一个使用并赋予“愤怒”以意义的世界中，那么了解这一词语是一件好事。而且由于我们准备好了对愤怒（或我们的文化定义的任何其他情感）做出反应，所以这个类别将会影响到我们如何去感受。①

基因科学方面的一些新工作，部分地支持了社会建构主义者的观点，并在这个混合体中加入了“环境建构主义”（environmental constructionism）。表观遗传学就像“情感”一样，没有一个（公认的）定义，但是对所有科学家来说，这意味着基因和遗传突变不能直接

① *Psychological Construction*, pp. 63, 86, 89.

解释其所有特征。基因必须表达自己——它们必须产生蛋白质——才能产生一种性状。但是，基因表达通常会被非遗传因素——如表观遗传因素所修改或者致使其不再显现。有时这些变化是可遗传的。

表观遗传因素是"环境性的"(environmental)，尽管这个环境可能就是细胞本身。大多数遗传研究集中在表观遗传学的生物化学方面。例如，他们试图发现甲基化对基因功能方式的影响。甲基原子团（存在于各种食品中）不是DNA的组成部分，但它们可以与DNA链相连（通常与一种特定的胞嘧啶碳原子相连，这是构成DNA的四种核苷酸之一)，其作用有好的方面也有坏的方面。这是因为它们可以关闭或修改基因表达。这种情况并非只有甲基原子团。被称为组蛋白的蛋白质也不是基因组的组成部分，但是它们也能在某些情况下调节基因。[①]

24 这似乎与情感话题无关。但是一些科学家在寻找基因在其中发挥作用的生化环境的形成原因时，触及情感话题。一组研究人员在观察老鼠的母性行为后发现，在哺乳时舔抚和梳理幼仔（皮毛）表现出色的母鼠的后代，与母鼠较少舔抚与梳理的幼仔，具有不同的DNA甲基化。成年后，那些拥有"更专心"妈妈的老鼠，比其他老鼠更少害怕，表现出更少的压力。当得到母亲的注意力较少的小母鼠被关注力更大的母鼠喂养时，其结果与其生物学后代相同（反之亦然)。因此，"母性行为的变化的作用，是形成一种非基因（或者

① Adrian Bird, "Perceptions of Epigenetics," *Nature* 447（2007）: pp. 396–398. 该文对这一课题进行了介绍。

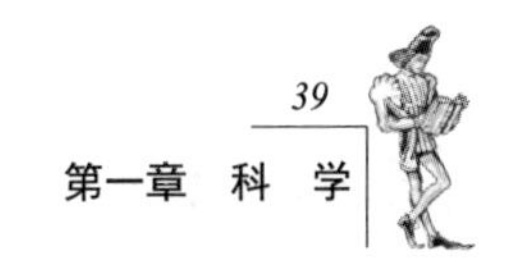

表观遗传）的传递机制，使压力应激反应（stress reactivity）的个体差异世代相传”。[①]

这些研究的作者们没有提及“母爱”，实际上，那些研究老鼠的学者并不说母鼠是“专心的”或“不专心的”。但是，这很难不让人想到与人类的相似之处。悉达多·穆克吉（Siddhartha Mukherjee）的解释令人难忘，他认为1945年冬天荷兰的大饥荒不仅影响了接下来的一代，还影响到在那之后的下一代：它改变了“参与代谢和储存的基因表达”。穆克吉说，每件事情——“伤害、感染、痴迷，（就像）那种独特曲调的令人生畏的颤音”——都有可能产生潜在的表观遗传效应，即使这些效应是完全不可预测的。[②]

丹尼尔·斯梅尔（Daniel Smail）也强调了环境对基因的潜在影响，使其或多或少地更像是假定某种特殊的表达形式。斯梅尔采取“协同进化方法”（coevolutionary approach）研究人的大脑。大脑是可塑的而不是固定的，并且其大部分发育取决于“由环境影响激发的遗传信息潜力”。像心理建构主义者一样，斯梅尔表明：

---

① Ian C. G. Weaver, Nadia Cervoni, Frances A. Champagne, et al., “Epigenetic Programming by Maternal Behavior,” *Nature Neuroscience* 7/8（2004）: pp. 847–854, at p. 847. 伊恩·C. G. 韦弗在这篇文章中认为，压力通过HPA（下丘脑－垂体－肾上腺轴）的反应来测量。韦弗还探讨了编程得以发生的可能性机制，包括海马糖皮质激素受体表达的改变。参见Ian C. G. Weaver, “Epigenetic Programming by Maternal Behavior and Pharmacological Intervention. Nature Versus Nurture: Let’s Call the Whole Thing Off,” *Epigenetics* 2/1（2007）: pp. 22–28。

② Siddhartha Mukherjee, *The Gene: An Intimate History*, New York, 2016, esp. pp. 393–410, at pp. 403, 405.

> 大脑的神经结构每天都与我们看到、听到和感受到的事物进行互动。它们受到大脑—身体系统释放的神经介质和我们摄入的化学物质的影响。大脑—身体中发生的化学和电信号的微妙作用所导致的结果是，我们感觉到各种各样的身体状态，如欲望、食欲、动机、倾向、情感、心境以及恐惧症。[①]

25 斯梅尔并非心理学家，而是一位历史学家。他很乐意将科学家的理论带入他的职业领域。其他历史学家则更加谨慎。然而，作为现代文化及其科学倾向的参与者，所有人即使是在寻求提出更宽泛的人类叙事的新方法与洞见时，也都在某种程度上借助于假设（assumptions）、词汇（vocabulary）和对科学的兴趣。接下来，让我们转向一些重要的情感史方法。

---

① Daniel Lord Smail, *On Deep History and the Brain*, Berkeley, 2008, p. 150. 关于人与动物的类似，参见 Judith M. Stern, "Offspring-Induced Nurturance: Animal-Human Parallels," *Developmental Psychobiology* 31/1（1997）: pp. 19–37。斯梅尔认为，动物和人的后代都会引起母性反应，并称之为"对后代刺激的情感反应"。

第二章

研究方法

> 斯基泰人（Scythians）以前进行过一次入侵，征服了米底王国（Media），从某种意义上来说是曾经的侵略者。而且，由于大流士在其亚洲领土上有巨大的金钱收入以及不计其数的人力可以利用，他急不可耐地要复仇。
>
> 希罗多德：《历史》，第四卷

理论，无论是科学的、哲学的，还是神学的，都不只是专家的专利。这些理论扩展到其他领域和其他受众，并有助于塑造人们的思维方式。对于情感史学家来说尤其如此。在本章中，我们探讨这一主题的基本研究方法。大多数研究方法都由一位特定的历史学家提出并进行阐述，但很快就成为更大范围内的史学讨论的组成部分。然而，在这个相对较新的领域，甚至连“基础”都比较晚近。在本章的结尾，我们将这些方法应用于同一个具体实例：美国的《独立宣言》，以此对这些研究方法进行比较。

初　期

历史学家一直在谈论情感，这有助于增加叙事的趣味性和解释动机。因此，当古希腊历史学家希罗多德（公元前5世纪）谈到大流士远征斯基泰时，他不需要仔细分析这位波斯统治者的心理，便可说他“急不可耐地要复仇”。无论激励大流士的是不是复仇，对希罗多德的读者来说，这种说法是有意义的，因为复仇的欲望是一种很容易理解的战争动机。

27

随着19世纪文化史的出现，一些历史学家找到了描述整个社会情感气质的方法。约翰·赫伊津哈（Johan Huizinga）是一位特别有影响力的践行者，他的《中世纪的衰落》（*Waning of the Middle Ages*）于1919年以荷兰语出版。在赫伊津哈看来，中世纪代表了人的“孩童气质”（childhood），而中世纪晚期是其最终的、最丰富的表现：

> 对于年轻500岁的世界来说，所有事物的轮廓似乎比我们今天的更加清晰……进入人们脑海的所有经验，都带有像儿童的快乐与痛苦那样的直接性与绝对性……生活中的所有事物都要骄傲地或残暴地公然宣示出来……所有事物都以强烈的对比和令人印象深刻的形式呈现在人们的脑海中，给日常生活增添了兴奋和激情的基调，并倾向于在绝望和充满矛盾的喜悦之间、在残酷和虔诚的温柔之间持续不断地产生碰撞，这就是中世纪生活的特点。

在赫伊津哈的时代，“孩童般的思维”（childlike mind），即“原始思维”（primitive mind）是一种广泛共享的结构。人类学家也谈到了这一点。中世纪是西方历史学家眼中的部落文化。①

法国历史学家吕西安·费弗尔（Lucien Febvre）在纳粹主义兴起时阅读了赫伊津哈的书。吕西安·费弗尔与马克·布洛赫（Marc Bloch）共同创立了我们所称的年鉴学派。他对那些潜在的、持久的历史结构感兴趣。他和他的同事们轻视政治史：政治史是事件史（histoire événementielle），仅是有关“众多事件”的故事而已。一个重要的结构是心态（mentalité）：当人类的思维通过情感与态度表现出来时，其自身也在缓慢地发展变化。费弗尔反思了赫伊津哈的观点，以及他的一些心理学家同事的情感理论，认为情感一直在文明生活的表面之下隆隆作响。但有些时候，情感以暴烈的姿态浮出表面：比如在中世纪，在费弗尔的时代同样如此。当时的德国军队已经占领了波兰和捷克斯洛伐克，正在占领法国。费弗尔认为，除非历史学家认识到情感的多变性，否则情感还会一次又一次地爆发。 28
他呼吁建立一种新的史学：“仇恨的历史，恐惧的历史，残暴的历史，爱的历史”②。

① Johan Huizinga, *The Autumn of the Middle Ages*, trans. Rodney J. Payton and Ulrich Mammitzsch, Chicago, 1996 [orig. publ. in Dutch, 1919]）, p. 9. 对于原始社会的批评，参见 Adam Kuper, *The Invention of Primitive Society: Transformations of an Illusion*, London, 1988。

② Lucien Febvre, “Sensibility and History: How to Reconstitute the Emotional Life of the Past,” in *A New Kind of History: From the Writings of Febvre*, ed. Peter Burke, trans. K. Folca, London, 1973（orig. publ. in French, 1941）, pp. 12–26, at p. 26. 关于年鉴学派，参见 Carole Fink, *Marc Bloch: A Life in History*, Cambridge, 1989。

费弗尔那时还不知道，德国社会学家诺伯特·埃利亚斯（Norbert Elias）在1939年实际上已经回应了他的呼吁。虽然埃利亚斯对中世纪的看法与赫伊津哈和费弗尔大致相同，甚至声称那时“人们狂野、残忍，容易爆发暴力，并沉溺于当下的欢乐”，但埃利亚斯并不认为，纳粹预示着一个情感失控的新时代。相反，他认为德国人是西方文明普遍进程中的一个例外。从更大范围的模式中能够看到一种转变：从冲动到克制，从缺乏礼貌到彬彬有礼，从原始欲望（primitive drives）到超我（super-ego）专制的摇摆。这一转变的动力，是以路易十四的宫廷为代表的16—17世纪的绝对主义政权，其对武力的垄断使任性而为的暴力变得无足轻重（德国没有形成绝对主义政权，因此这方面的发展受到阻碍）。受西格蒙德·弗洛伊德（Sigmund Freud）和马克斯·韦伯（Max Weber）的影响，埃利亚斯认为现代人是在复杂官僚机构中受到负疚感（conscience-ridden）驱使的一个齿轮。同时，他们的负疚感使他们能够克制情感，并产生更加精细的感受（finer feelings）。[①]

到目前为止，所有在20世纪80年代以前涉足情感史的学者，倾向于在赫伊津哈、埃里亚斯和费弗尔那里寻求指导。1980年之后，他们的研究路径和方法建立在认知革命（cognitive revolution）与社会建构主义者（social constructionist）的观点之上。然而，有两个流派——情感理论史与心理史—— 大体上一直独立于这个潮流之

① Norbert Elias, *The Civilizing Process*, trans. Edmund Jephcott, ed. Eric Dunning, Johan Goudsblom and Stephen Mennell, rev. ed., Oxford, 2000（orig. publ. in German, 1939）, p. 241.

外。前者是，而且基本一直保持为一个独立的领域，是思想史的一部分。一个好的例子是 H. 诺曼·加德纳（H. Norman Gardiner）和他的同事们在 1937 年出版的充满雄心的研究成果：它以赫拉克利特（约公元前 500 年）的理论开始，以 1930 年的研究成果作结。这一流派的新研究继续进行着，有些研究——比如卡拉·卡萨格兰德（Carla Casagrande）和席尔瓦娜·维奇奥（Silvana Vecchio）最近出版的关于中世纪情感理论的书——也把这些理论置于更大范围的历史背景中。少数最近刚刚出版的书，把情感理论与生活中的情感联系起来。[①] 第二个比较独立的流派——心理史——利用了心理分析（psychoanalysis）的深刻见解。这种方法在 20 世纪 70 年代就已经颇为流行，它在今天依然有一些追随者。例如，路德维希·贾纳斯（Ludwig Janus）断言，“人类婴儿以物理的身体出生，但一直在情感上保持着胎儿时的体验”。他假设“部落文化”（tribal cultures）绝不允许超越这些胎儿状态的发展，而西方文化已经找到了“促进操作思维，以及在感觉上把‘我’和‘你’分离开来的方法”。一些历史学家——林达尔·罗珀（Lyndal Roper）就是其中之一 ——借鉴

29

---

① H. Norman Gardiner, Ruth Clark Metcalf, and John Gilbert Beebe-Center, *Feeling and Emotion: A History of Theories*（New York, 1937）; Carla Casagrande and Silvana Vecchio, *Passioni dell'anima. Teorie e usi degli affetti nella cultura medievale*, Florence, 2015. 关于情感理论与生活中的情感，参见 Jan Plamper, “Fear: Soldiers and Emotion in Early Twentieth-Century Russian Military Psychology,” *Slavic Review* 68/2（2009）: pp. 259–283; Frank Biess and Daniel M. Gross, *Science and Emotions after 1945: A Transatlantic Perspective*, Chicago, 2014; Damien Boquet and Piroska Nagy, *Sensible Moyen* Âge. *Une histoire des* émotions *dans l'Occident médiéval*, Paris, 2015, and Rosenwein, *Generations of Feeling*。

心理分析方法，但却没有成为“心理史学家”（psychohistorians）。罗珀把弗洛伊德的见解视为包括人类学和文学批评在内的其他许多工具之一，使早期的现代主体性更加接近现代感受性（modern ensibilities）。[①]

情感规约

即使是在费弗尔之前，之后肯定更是，许多历史学家都书写过历史中的情感。[②]然而，我们今天所说的这一“现代领域”，是1985年发表的由彼得·斯特恩斯与精神病学家和历史学家卡罗尔·齐索维茨·斯特恩斯（Carol Zisowitz Stearns）合写的一篇文章所开启的（后者那时仍是前者的妻子），这个说法是公允的。斯特恩斯夫妇建议历史学家不要关注“真情实感”——在他们看来，这种情感基本上是普遍的与不变的，而要关注情感的标准——他们所说的情感规约（emotionology），它是随着时间而变化的。在一篇阐述他们观点

---

① Ludwig Janus, “Transformations in Emotions Structures Throughout History,” *Journal of Psychohistory* 43/3（2016）: pp. 187–199, at pp. 189, 193; Lyndal Roper, *Oedipus and the Devil: Witchcraft, Sexuality and Religion in Early Modern Europe*, London, 1994.

② Plamper, *History of Emotions*, pp. 40–59 以19世纪为现代史学之开端，并特别强调德语研究的贡献；Damien Boquet and Piroska Nagy, “Una storia diversa delle emozioni,” *Rivista Storica Italiana* 128/2（2016）: pp. 481–520. 该文提供了法语参考书目。年鉴学派的心态概念在任何领域都很重要。意大利史学史的一个例子，参见 Vito Fumagalli, *Landscapes of Fear: Perceptions of Nature and the City in the Middle Ages*, trans. Shayne Mitchell, Cambridge, 1994（orig. publ. in Italian, 1987–1990）。德国的研究，参见 Peter Dinzelbacher, *Angst im Mittelalter: Teufels-, Todes- und Gotteserfahrung: Mentalitätsgeschichte und Ikonographie*, Paderborn, 1996。

的文章中，他们使用了两条定义。第二条是由克莱宁纳夫妇提供的关于“真情实感”的综合定义（见第一章的相关讨论）。第一条是他们所创的新词的定义：

> 情感规约：一个社会或一个社会中可定义的群体，对基本情感及其恰当的表达所持的态度或标准；由来已久的风俗习惯在人类行为中反映和鼓励这些态度的方式，比如，求爱行为表达了对婚姻中爱情的看重，或者人事安排讨论会（personnel workshops）反映了愤怒在工作关系中的重要性。[①]

就像这个定义所表明的那样，斯特恩斯夫妇接受了基本情感的概念。正如心理学家保罗·埃克曼和其他学者在20世纪70年代所指出的那样，这些基本情感具有普遍意义，而且是不变的。但是斯特恩斯夫妇找到了一种方法，来调和普遍主义观点和社会建构主义立场。斯特恩斯夫妇没有强调生物学属性和社会之间的矛盾，而是小心地将他们所认为的生物学意义的基本情感，与社会意义的情感区分开来。如果说基本情感一直不变，人们如何表露情感，以及应该从哪些方面表达这些情感的标准，却迅速变化着。正如阿莉·霍赫希尔德所展示的那样，情感是“被管理的”（managed）。斯特恩斯夫妇提议，把情感规约作为发现历史中的这些管理规程的一种方法。 30

① Peter N. Stearns and Carol Z. Stearns, “Emotionology: Clarifying the History of Emotions and Emotional Standards,” *American Historical Review* 90/4（1985）: pp. 813–836, at p. 813.

他们的方法很简单：他们系统地借鉴了18世纪开始为西方中产阶级读者编写，并一直持续到现在的建议类文献（advice literature）。在一本关于愤怒的书中，斯特恩斯夫妇阐明了他们的研究技巧。首先，他们收集了19、20世纪的大量资料——主要是针对北大西洋美国读者的一些建议类文献，但也有一些流行的杂志小说等。其次，他们阅读了这些资料不得不涉及的两种情况下对愤怒的管理：在家里——父母、孩子、配偶之间，以及在工作场所的愤怒管理。斯特恩斯夫妇在阅读时密切关注这些指南的日期，以辨别静止时期与情感标准变化的时期。再次，斯特恩斯夫妇从不同的一系列资料中——信件和日记等个人作品——确定特定时期的情感规约是否会对人们的"真情实感"产生影响。从这些资料里，他们试图探索真实的家庭是如何行动的，以及真实的员工和管理者是如何行动的，认为新的标准和行为通过一种反馈机制会对人们的真实感受产生影响。在这里，情感管理和真情实感相遇并相互影响。因此，对于斯特恩斯夫妇来说，情感最终并不是完全固定且一成不变的。情感规则有一种活力：它们"塑造"，甚至"启动"人们感受到的情感。情感规约一旦被这些热诚的建议手册读者们吸收并付诸实践，它就成为一种真挚的情感表达形式。最后，斯特恩斯夫妇考察了导致情感规约改变的多种因素。他们认为，社会和经济的变化加上科学和其他"专业人士"在思想上出现的新趋势，决定了咨询类书籍的内容。从这个意义上讲，情感理论与生活中的感受密不可分。例如，31 达尔文的"适者生存"启发了一种情感规约，它鼓励职场中的竞争行为。同时，社会达尔文主义的假设本身，也受到工业工厂需求的影响。①

斯特恩斯夫妇的工作成果是一部有明确起因、结果和转折点的历史。让我们简要地梳理一下愤怒的故事，至少对北大西洋的美国而言是这样的。直到19世纪60年代，维多利亚式的建议类书籍还谴责各种形式的愤怒。但在1860年至1940年期间，各类手册认识到完全抑制愤怒是不现实的。新的情感规约并没有完全赞扬愤怒，而是允许愤怒，特别是提倡在男孩身上适当地引导愤怒，他们在家庭以外的场合要有攻击性和活力。同样的"现实主义也慢慢地进入了各种婚姻建议"。但这里的"现实主义"以性而不是愤怒为中心，给出的建议是"争吵或愤怒必须被理解为不良性适应（bad sexual adjustment）的一些症状"。在同一时期，一些大众文学作品开始提出减少婚姻中的愤怒的策略，这成为20世纪40年代后情感规约的主导性话题。最终，新的愤怒标准，再加上消费主义与其他文化和意识形态的转变，导致了缓慢的"对人格特质的影响"。父母"加紧努力控制自己的愤怒"。女性从"新的，尽管是谨慎的，对在家庭中滥用愤怒的制约中，获得了一些好处"。甚至公共政策也回应了新的期望，正如无过错离婚的发展过程一样，它绕过了愤怒，支持友好解决。②

彼得·斯特恩斯和他的学生蒂莫西·哈格蒂（Timothy Haggerty）不再讨论愤怒，他们用同样的技巧研究了恐惧的情感规约。他们发

① Carol Zisowitz Stearns and Peter N. Stearns, *Anger: The Struggle for Emotional Control in America's History*, Chicago, 1986.

② Stearns and Stearns, *Anger*, pp. 71, 83, 93, 96–97.

现，在1850年至1900年期间，咨询手册假设儿童天生无所畏惧，除非成年人向其反复灌输恐惧。同时，“针对儿童的道德说教故事又鼓励他们积极对抗恐惧，这是成功童年的一部分”。男人和男孩的关键词是“勇气”（在同一组资料中，女孩在宗教信仰的支持下，对于早早就死去无所畏惧，而女人则耐心地等待勇敢的男人从战场上回家）。为了向儿子和女儿灌输这些美德，母亲被警告不要用恐惧来管教孩子。“妖怪”被放逐，人们普遍不相信恐惧，因为它阻碍了合理的行动。然而，在1950年左右，这种情感规约发生了变化：人们认为孩子生来充满恐惧。咨询手册告诉家长要让孩子安心，避免让他们的孩子处于可怕的情境之中。[①]

32

这些早期的、开创性的情感史著作激励了——并继续激励着——无数学者。当卡罗尔·斯特恩斯停止写历史时，彼得·斯特恩斯继续研究情感。虽然他一开始认为情感规约在很大程度上属于个人私事，只对公共政策产生间接影响（如无过错离婚的实施），但他逐渐专注于政治制度。因此，他在后来一本关于恐惧和公共政策的书中，引用了他与哈格蒂的研究结果。斯特恩斯指出，在1941年日本轰炸珍珠港之后，美国人否认感到恐惧，正如教导他们的建议类书籍所期望的那样。这就是为什么富兰克林·德拉诺·罗斯福在1933年的第一次总统就职演说中，可以轻视恐惧：“我们唯一害怕的是害怕本身。”

① Peter N. Stearns and Timothy Haggerty, “The Role of Fear: Transitions in American Emotional Standards for Children, 1850–1950,” *American Historical Review* 96/1（1991）: pp. 63–94, at p. 66.

但1950年以后，随着恐惧成为禁忌，它们同时变得更具威胁性。尽管美国战后时期——随着安全带、药品和自行车头盔的出现——本应让人放心，但美国人从未感到如此地受到威胁和恐惧。因此，当恐怖分子驾驶的飞机在2001年袭击纽约市时，美国人并没有像对珍珠港事件那样做出他们应有的反应。相反，斯特恩斯写道："很明显，恐惧击垮了纽约市。"不仅仅是纽约。新的解决方案原本是为了让人放心，但讽刺的是最终却点燃了恐惧的火焰：成立新的国土安全部并发动反恐战争，"不祥"的带有彩色编码的预警加剧了原有的担忧。在斯特恩斯看来，情感规约的研究，对于理解最高层次的政治政策至关重要。恐惧的情感规约"几十年以前，最初在个人和家庭环境中发展起来……（而今）开始塑造公众对威胁的反应"。①

今天，情感规约已经超出了咨询类书籍（的内容），在历史和非历史领域都有意义。作为一个非历史的例子，社会人类学家林格－丽斯·莲（Inger-Lise Lien）在描述感情强烈的男子与男孩被焦虑困扰但从不允许自己表露出来时，提到了"群伙情感规约"（gang emotionology）："这事关道德，或者我们称之为负罪的情绪规约，或者群伙情感规约。这种情感规约是关于某个人在特定情况下应该有过的感受，而不是关于某个人实际拥有的感受。"②

① Peter N. Stearns, *American Fear: The Causes and Consequences of High Anxiety*, New York, 2006, pp. 31, 61.

② Inger-Lise Lien, "Violence and Emotions," in *Pathways to Gang Involvement and Drug Distribution: Social, Environmental, and Psychological Factors*, Cham, 2014, pp. 87–92, at p. 95.

历史学家出于各种研究目的，采用了斯特恩斯的方法。苏珊·马特（Susan Matt）对乡愁的研究表明，人们对这种情感的态度发生了巨大变化。在18、19世纪的美国，人们珍视并自由表达对家园的渴望。在20世纪，乡愁被认为是软弱的标志。事实上，它已经失去了作为一种情感的地位。根据建议手册和其他资料，马特认为“乡愁的历史，涵盖了美国人如何学会管理自己的感受的故事，但除此之外，它揭示了美国人如何学会养成有利于资本主义活动的个人主义习惯”。因此，即使是在乡愁这样的例子中，情感也会根据社会和经济需求而变化。乌尔特·弗雷弗特（Ute Frevert）和她在柏林的团队也提出了类似的观点，他们研究了儿童文学中教育人们如何感受的方式。这些变化对应于咨询手册中不断变化的价值观，而这些价值观反过来反映了整个社会的价值观。斯特恩斯本人不再局限于咨询手册，最近他研究了统计数据，以此讨论“可度量的进步（生活质量）和感知到的幸福之间的鸿沟”。在这里，他回到了困扰弗洛伊德和埃利亚斯的一个主题：现代性本身带来了不满。然而，对于斯特恩斯来说，问题出在一种情感规约上，它对人们“看上去的（并且，如有可能，实际感受到的）快乐和幸福”进行约束。①

在总结最近的情感史研究工作时，苏珊·马特谈到了一个按时间顺序排列的研究进程：“首先是那些关注理想状态的情感的学者；

① Susan J. Matt, *Homesickness: An American History* (Oxford, 2011), 7; Ute Frevert, Pascal Eitler, Stephanie Olsen, et al., *Learning How to Feel: Children's Literature and Emotional Socialization, 1870–1970*, Oxford, 2014; Peter N. Stearns, *Satisfaction* Not *Guaranteed: Dilemmas of Progress in Modern Society*, New York, 2012, pp. 2, 6.

后来是历史学家，他们试图重建情感体验及风俗习惯与个人感受之间的差异。后来有些人加入了他们的行列，这些人认为在一个社会中存在许多相互竞争的期望和规则……并逐渐达成了一种共识，即如果一个人不了解支配这个社会的规则，那他就无法研究情感生活，至少，如果一个人不打算评判个人对这些社会规则做出的反应，他也同样无法研究这些社会规则。”情感规约是第一阶段；第二个阶段是威廉·雷迪的研究；第三阶段是芭芭拉·H. 罗森宛恩的研究。让我们按照马特的顺序继续考察，下面轮到威廉·雷迪。[①]

34

情感体制与情感表达

威廉·雷迪是一位人类学和历史学教授，他是马特在谈到“试图重建情感体验及风俗习惯与个人感受之间的差异的历史学家”时，所指的学者。雷迪1997年在《当代人类学》(*Current Anthropology*)杂志上发表了一篇文章《反对建构主义》(*Against Constructionism*)，文中首次宣布了他的研究方法，从而吸引了对人的本质比对人类历史更感兴趣的读者。

雷迪反对建构主义，因为他发现这一看法是激进的相对主义。他认为，如果我们的价值观、思想、性别和情感都是社会建构的，那么就没有办法对任何社会进行批判。他指出，那我们所说的一切本身都将是社会建构的，因此不再有比我们所批判的社会建构——政治制度、对女性的态度以及女性的待遇等等——更有价值的东

① Susan Matt and Peter N. Stearns, eds, *Doing Emotions History*, Urbana, 2014, p. 45.

西。此外，雷迪注意到，如果一切都是社会建构的，就没有办法解释变化的产生。这对斯特恩斯来说并不是一个问题：对他而言，社会、经济和知识的变化，为情感规约的改变开辟了道路。雷迪提出了一个不同的变化理论，一个使情感本身成为变化的动力的理论。“对情感变化的前后一致的描述，必须找到一种动力，一种导致变更的矢量。而这种动力恰好可以在情感表达的特征中找到。”无论是言说的还是以行动表达出来的，情感表达具有“独特的能力来改变它们所‘指称’的内容或它们所‘表征’的内容——这种能力使它们既不是‘描述性的’（constative），也不是‘施为性的’（performative）言说，而是第三种类型的具有语言交际能力的言说（communicative utterance）”。雷迪把这第三种类型称为“情感表达”（emotives）。[①]

雷迪是什么意思呢？他的术语是对奥斯汀的“施为性”概念的模仿，即具有转化作用的言说（见第一章）。雷迪断言，情感也带来同样的转化，他创造了新词“emotives”来表达这一观点。情感表达通过两种方式发挥作用：一种是改变那些听到这些话的人，另一种是改变那些说出这些话的人。此外，雷迪认为，可以通过社会允许情感表达的程度，来评判这些社会。容许“情感自由”（emotional freedom）、欢迎情感表达并容忍其模糊性和不稳定性的社会，要比那些通过限制情感表达而导致“情感痛苦”（emotional suffering）的社会更好。

35

① William M. Reddy, “Against Constructionism: The Historical Ethnography of Emotions,” *Current Anthropology* 38（1997）: pp. 327–351, at p. 327.

雷迪把“情感表达”定义为“与目标相关的思考素材的激活，这些思考素材具有在短时间内超越注意（attention）的转译能力”。这一定义的一些特征很常见。认知主义者谈论目的（aims）和目标（goals），而“思考素材”的引用，把雷迪的定义置于认知主义者与心理建构主义者的阵营中，对这两种理论来说，情感是大脑生成的“概念化”产物（conceptualizations）之一。但当雷迪说这些认知“具有在短时间内超越注意的转译能力”时，他借鉴了情动理论的一个方面，使他提出了“情感表达”的假设。不妨想想“我爱你”这句话，对雷迪来说，这句话是我们已经“翻译”成情感言语行为的思考材料被激活的结果。事实上，当我们说出这句话时，我们拥有“我爱你”这个说法几乎无法表达的一系列的感受。由于无法注意到所有这一切（因为它们“具有超越注意的转译能力”），我们将注意力集中在“爱”上，至少在我们把它说出来的“短时间范围”内是这样的。但是，当我们这样做的时候，我们激活了其他与目标相关的感受。[①]

因此，情感表达——在言语中产生的情感——不同于其他的言说。它们描述一种情感状态（这是一个“事实”，我们爱一个人），它们改变了它们的对象（那些听说被别人爱着而不为所动的人呢?），并且它们调动起了说出这番话的人的方方面面的感受。正如雷迪所说：

① William M. Reddy, *The Navigation of Feeling: A Framework for the History of Emotions*, Cambridge, 2001, p. 128. 关于对雷迪影响最大的情动理论，参见 Alice M. Isen and Gregory Andrade Diamond, “Affect and Automaticity,” in *Unintended Thought: Limits of Awareness, Intention and Control*, ed. J. S. Uleman and John A. Bargh, New York, 1989, pp. 124–152。

情感表达“对激活的情感思考素材，有探索性的和自我改变的影响”。“我爱你”激活了新的思考：也许是“我爱你比我想象得要多”，或36者是“哦，我真的爱你吗?”对雷迪来说，每一种情感表达既是真诚的，又是不真诚的。它是真诚的，因为它符合一个目标。但是，由于人们有不止一个目标，同样的情感表达在与相关目标冲突时又是不真诚的。“我爱你”，是的；但我也想一个人待着——或者和其他人在一起。

爱是一种情感，但它也是千变万化的。任何情感都是如此：它们**都**“具有超越注意的转译能力”。当被表达出来时，**所有这些**都是情感表达。任由情感表达自身发挥作用，它们会导致不断的自我探索。但它们并没有被任由发挥作用，它们受制于“情感体制”（emotional regimes），即“一系列规范性的情感与正式场合的仪式、习惯，并且情感表达在照此进行表达的同时，又反复灌输了这些规范、仪式与习惯”。雷迪对此进行了详细阐述：“情感控制（emotional control）是权力运作的真正场所：政治只是一个决定的过程，它决定在特定的语境和关系中人们所产生的各种感受和欲望，哪些必须作为非法的受到压制，哪些必须被认为是有价值的。”由于情感体制不允许情感表达发挥其全部潜力——几乎通过其名称就能看出来，便为**情感避难所**创造了条件：“一种关系、仪式或组织，……能够安全地摆脱主流的情感规范，并允许放松情感努力……这可能会加强或者威胁到现有的情感体制。”如果情感体制的控制力过强，如果它阻碍了情感表达的自我改变作用，阻止人们改变他们的目标，那么这种情感体制不仅会导致情感痛苦，还会创造一个可能旨在破坏这个情感体制的情感避难所。[1]

在《情感指南》(*The Navigation of Feeling*)这本书里，雷迪认为法国大革命是一场情感革命。在法国国王那压抑情感的宫廷里，爆发了严重的情感痛苦。在某种辩证作用下，人们开始寻求情感避难所，在那里，各种激情感受都会得到高度重视和探索。避难所的形式多种多样——沙龙、剧院和俱乐部，却都培养出历史学家所说的“情感主义”(sentimentalism)。在这里，社会等级被打破，支持“人人平等……一种关于人性的新乐观主义广泛传播，这种乐观主义部分基于对人类理性力量的新信心，部分基于相信某些自然感情，即每个人都能感受到的感情，是美德的基础，可以作为政治改革的基础”。[2]

37

实际上，法国大革命是这种情感避难所的胜利：它推翻了令人压抑的宫廷情感体制，取而代之的是情感主义的确立。但是，这种新的情感体制引发了其自身形式的情感痛苦。它需要如此高涨、激情澎湃的情感，以至于没有人能够长久地维持下去。很快，它(作为回应)创建了督政府，结束了情感主义的统治。拿破仑的规则更符合情感表达的本质，为情感表达提供了各种途径，树立了多重目标。随后的时期——浪漫主义——也允许情感表达在文学、艺术和私人生活中探索自身。但在其他领域——道德和公共政策的“男性”领域——情感被贬低为软弱，并且比理性低级。事实是：理性也很脆弱，很可能被激情淹没。但是，只要男性“有效地掩盖自己的失

---

① Reddy, “Against Constructionism,” p. 335; Reddy, *Navigation of Feeling*, p. 129.

② Reddy, *Navigation of Feeling*, p. 145.

误”，这是可接受的。这是一种新的、后感性(post-sentimental)的“规范性的情感管理体制”，它被证明是异常稳定的，是我们自己的时代所坚持的。[①]

在随后的《制造浪漫爱情》(*The Making of Romantic Love*)一书中，雷迪放弃了他早期作品中精心定义的术语。然而，他的图式仍然存在，特别是有关西方经验的讨论。在这本书里，动力可以或多或少地以下列方式进行分析（尽管雷迪不再使用原有词汇）：直到12世纪初，法国南部的中世纪贵族基本上可以自由地改变他们的目标和探索他们的情感。在爱情、性和婚姻的世界里，这一体系允许极大的灵活性、富于变化的对象、不停波动的目标。在这种情况下，“对交往的渴望”被雷迪假设为一种具有普遍意义的情感，这种情感以多种方式得到了实现。这一切都受到了11世纪刚经历改革的天主教会的挑战。教会要求对婚姻做出书面声明和保持婚姻的永久性。它谴责性欲，称之为污秽的欲望。事实上，它创造了一个新的、强有力的情感体制。并且，正如我们所料，它产生了一种情感避难所：在诗歌中创造了“浪漫爱情”。在这个避难所里，当性爱与爱情结合在一起时，人们称赞它是美好的，因为爱情是自我牺牲的，是精神层面的，所以爱情是神圣的。然而，事实证明这种避难所与政体一样具有局限性，在一夫一妻制关系中，坚定不移的爱情被设定了不可能达到的期望。我们继续忍受着它的不幸遗产。但其他文化从来没有这样过。雷迪的书将欧洲的经验与南亚和日本的文

38

① Reddy, *Navigation of Feeling*, pp. 217, 252.

化相比较，这些文化从未将性欲与精神活动分离，因此这些地方总是有多种方式来表达他们对交往的渴望。[①]

雷迪的著作影响了许多不同领域的学者。文化人类学家费迪亚西亚·塔吉布（Ferdiansyah Thajib）谈到印尼穆斯林女王社区在相互冲突的情感方面的“指南”（navigation）[②]。社会学家瓦莱丽·德·库尔维尔·尼科尔（Valérie de Courville Nicol）发现情感表达有助于解释“社会一致性（social conformity）的产生”。当传统目标和偏离的愿望之间存在冲突时，“传统情感表达”通过承诺“愉悦的社会回报”来提供解决问题的方法。[③]但最重要的是，雷迪的研究启发了历史学家。例如，妮可·尤斯塔斯（Nicole Eustace）认为，美国大革命与法国大革命一样，使“人类的激情和感受”成为“自然平等的基石和自然权利的最坚实基础”。然而，她认为“情感表达”与其说是一种自我探索的手段，不如说是导致社会认可、争论和改变的一种力量。她认为，一方面，言说出来的情感有助于提醒其他人关注社会地位差异、权力来源，以及对他们的挑战（这里尤斯塔斯借鉴了雷迪关于情感管理政治的一句名言）。另一方面，她发现情感主义不是美国殖民地的一个“避难所”——这是跨越大西洋传来的一个说法

① William M. Reddy, *The Making of Romantic Love: Longing and Sexuality in Europe, South Asia, and Japan, 900–1200 Ce*, Chicago, 2012.

② Ferdiansyah Thajib, “Navigating Inner Conflict – Online Circulation of Indonesian Muslim Queer Emotions,” in *Feelings at the Margins: Dealing with Violence, Stigma and Isolation in Indonesia*, ed. Thomas Stodulka and Birgitt Röttger-Rössler, Frankfurt, 2014, pp. 159–179.

③ Valérie de Courville Nicol, *Social Economies of Fear and Desire: Emotional Regulation, Emotion Management, and Embodied Autonomy*, New York, 2011, p. 154.

（通过亚历山大·蒲柏的诗，从英国而来）——而是相反，情感主义是一系列关于激情在个人和社会美德中的作用的讨论的起点，这些讨论的争议很大。通过这种方式，尤斯塔斯展示情感如何“执行了”（performed）各种任务。当表达爱意时，“18世纪的盎格鲁裔美国人同时致力于寻求个人成就感，努力维护社会地位并追求社区稳定”。同样，“愤怒的表达以及描述，提供了在动荡的殖民世界中磋商社会地位、建立荣誉感和耻辱感的关键手段”。[①]

情感团体

39 苏珊·马特在谈及那些“提出在一个社会中存在许多相互竞争的期望和规则”的历史学家时，她想到的无疑是芭芭拉·H. 罗森宛恩。在2002年发表的一篇文章中，罗森宛恩致力于评价当时的情感史状况，她建议历史学家研究同时并存的“情感团体”（emotional communities）。正如她所解释的那样：

> [情感团体]简单说来与社会团体——家庭、邻里、议会、行会、修道院、教区教会成员——是相同的，但研究者首先要揭示其感受体系：这些团体（以及其中的个人）所定义和评判为对他们有价值或有害的内容；他们对其他人的情感的评价；他们认识到的人们之间情感纽带的性质；以及他们期望、鼓

① Nicole Eustace, *Passion Is the Gale: Emotion, Power, and the Coming of the American Revolution*, Chapel Hill, 2008, pp. 3, 110, 153.

励、容忍和谴责的表达情感的模式。[①]

罗森宛恩希望，这一新的关注点将克服那时阻碍情感史发展的四个“障碍”。首先，也是最重要的，是埃利亚斯的文明进程。罗森宛恩是研究中世纪的学者，她对研究现代史的学者非常不满——现代史学者在当时占情感史研究者的大多数，认为他们有意无意地接受了埃利亚斯的图式，将中世纪视为一种情感意义上的原始社会，现代性就是从中建构出来的。研究古代史的历史学家声称他们自己研究的时代也有一个“文明的进程”。[②] 有一些研究中世纪史的学者，希望把文明进程上溯至早在 10 世纪就已开始。[③] 罗森宛恩认为这样一种关于进程的想法整个是错误的。没有情感失控的时代，没有“人类的童年”。唯一的“童年时代”是生物意义上的童年本身。如果成年人的行为（以历史学家的观点来判断）“像”孩子一样，那么这种行为应该被视为一种情感风格，这种情感风格具有意义明显的目的和传统，是情感的沟通方式和表达模式。人们可能确实会在中世纪及其后发现这样的群体，它们动辄大声嚷嚷、（对我们而言）看上去很冲动，并且在情感上的表现粗鲁而暴力，但这些本身就是一个团 40

① Barbara H. Rosenwein, “Worrying about Emotions in History,” *American Historical Review* 107（2002）: pp. 821–845, at p. 842.

② William V. Harris, *Restraining Rage: The Ideology of Anger Control in Classical Antiquity*, Cambridge, 2001.

③ C. Stephen Jaeger, *The Origins of Courtliness: Civilizing Trends and the Formation of Courtly Ideals, 939–1210*, Philadelphia, 1985.

体内部所看重的表达方式。研究者的任务是了解它们为什么受到重视，并探索它们是如何发挥作用的。

第二个障碍是当时由斯特恩斯界定的“情感规约”。如果情感规约只能在为现代中产阶级编写的建议类书籍中找到，那么实际上，直到18世纪这种手册开始出现以前，就不可能有情感规约，即没有情感表达的标准。这一点的局限性太大了。罗森宛恩认为，在现代性之前很久就存在情感规约了。第三个障碍是雷迪的情感体制观念。在不否认精英和政治权力的重要性的情况下，罗森宛恩更感兴趣的是，人们在看似权力一统的体系中创造出的多种情感解决方案。最后，她不满意表演理论提出的看法，这一观点把情感视为外在展现和各种仪式。正如我们将看到的那样，罗森宛恩的研究方法在今天比2002年提出时的涵盖范围更广。在当时，这一方法主要局限于研究中世纪统治者的情感。在罗森宛恩看来，情感远不止非语言的政治交流形式。

在随后的研究中，罗森宛恩探索了情感团体的潜力，以阐明情感的历史。当她这么做的时候，她抛弃了自己最初的部分提法。她不再将社区和教区教堂视为情感团体的例子，而是将其视为有助于揭示特定团体特征的共享空间。一个团体的人们可能会与另一个团体的人相互接触；但是，总的来说，行为、态度和感受是由人们所属的团体塑造而成的。例如，在15世纪，当英国帕斯顿家族中一位克制而矜持的成员参观勃艮第富丽堂皇的宫廷时，他非常开心。但他并没有成为那个截然不同的情感团体的一部分。[①]

---

① 关于这方面的研究，参见 Rosenwein, *Generations of Feeling*, pp. 3-4。

罗森宛恩深受认知主义和社会建构主义情感理论的影响。然而，从这些理论根植于一个整体的社会来看，她与这些理论保持了距离，强调每个社会的多样性。为了了解情感团体之间的差异和相似之处，罗森宛恩对情感词语及其序列进行了研究，她在这方面用力之深，超过了斯特恩斯或雷迪。她指出，人们很少表达单一的情感，而是把它们一个接一个地串在一起。比如说，他们感到愤怒，然后悲伤，然后感到羞耻，也许在这一系列的结尾，是仁慈。斯特恩斯夫妇的研究主要涉及追踪关于"基本情感"的标准的变化，例如恐惧或愤怒。相比之下，雷迪认为情感表达是那么有弹性，以至于他几乎不处理个人情感，而是处理"情感的"或"非情感的"的类别。罗森宛恩试图从词语和词语的使用中揭示感受系统。正如她所说，"因为情感在被命名之前仅是其雏形，所以情感词语对于人们理解、表达，甚至'感受'他们的情感的方式尤为重要"。在这方面，她的工作符合心理建构主义（psychological constructionism）理论，该研究认为，大脑的回路在一定程度上是由周围的情感词语及其关联形成的。诚然，人们通过身体动作、脸红、流眼泪、面部表情等来表达自己的情感。但是总体而言，历史学家即便是了解这些动作，也要从原始史料文本中的词语入手。[①]

41

① 关于雷迪提出的"情感的"与"非情感的"的对应，参见雷迪一书的附录：Reddy, *Navigation of Feeling*; 关于用文字表达的情感，参见 Rosenwein, *Generations of Feeling*, 4; Wierzbicka, *Emotions across Languages*; Lutz, *Unnatural Emotions*; Thomas Dixon, "Emotion: History of a Keyword in Crisis," *Emotion Review* 4/4（2012）: pp. 338–344; Ute Frevert, Monique Scheer, Anne Schmidt, et al., *Emotional Lexicons: Continuity and Change in the Vocabulary of Feeling 1700–2000*, Oxford, 2014。

正如托马斯·狄克逊（Thomas Dixon）已充分证明的那样，即使是“情感”这个词，也不应该想当然地理解。非西方社会没有一个词能够准确地描述我们——西方人——所说的 emotions 的意思，甚至我们对其含义的意见也并不总是一致的（如第一章所示）。然而，在西方传统中，这个问题造成的困难更少些。古希腊人已经有了一个术语（pathe），其中包含了许多与当今的情感相关的术语（愤怒、恐惧等）。“Pathe”这个词在罗马全盛时期被翻译成拉丁语；拉丁语的这个词汇——被赋予了新的含义和价值，并在许多方面进行了修改——在中世纪及以后被传播到欧洲社会和语言中。[1]

在罗森宛恩第一本关于这个论题的著作《中世纪早期的情感团体》（*Emotional Communities in the Early Middle Ages*）中，她拒绝了基本情感的概念，从古代世界可用的情感“词语贮藏”（word-hoard）开始讨论。[2] 在公元前 1 世纪，西塞罗解释了斯多葛主义的情感观，并在他的《图斯库兰辩论集》（*Tusculan Disputations*，又译《图斯库路姆论辩集》《图斯库兰的谈话》）中给出了许多例子。罗森宛恩在挖掘这一讨论的基础上，列出了一个拉丁语情感词语列表——诚然是不完整的。她展示了基督教思想家如何运用一套新的价值观，不仅改变了西塞罗所使用的术语的意义，还删除了其中的一些术语，

42

① Dixon, *From Passions to Emotions*. 对于非西方的概念，参见达米安·博凯与皮罗斯卡·纳吉著作中的论文：Damien Boquet and Piroska Nagy, eds, *Histoire intellectuelle des émotions, de l'Antiquité à nos jours*, *L'Atelier du Centre de recherche historique* 16（2016），online at https:// acrh.revues.org/6720。

② Barbara H. Rosenwein, *Emotional Communities in the Early Middle Ages*, Ithaca, 2006.

并增加了其他术语。在后来的《世世代代的感受》(*Generations of Feeling*)一书中，她提出通过寻找与心灵、思维和精神相关的词语，可以发现一些团体的情感词语。当然，这取决于特定团体是否将情感寄托于此!

《情感团体》一书使用了多种研究方法。例如，在第一章，它考察了6世纪和7世纪高卢的三座城市（特里尔、克莱蒙和维也纳）中，死者陵墓上的墓志铭。这些墓志铭使用了标准的表达形式，但在罗森宛恩看来，这并不是缺陷，因为这些非常常见的东西揭示了人们所期望和看重的情感。此外，正如她发现的那样，一个城市的样板文件与其他城市的不一样；不同区域之间存在着差异。特里尔的一个典型墓志铭更多地表达了家庭亲情："这里安息着最甜美的孩子，……阿拉布利亚，他的女儿，享年7岁，……(几)个月零10天。"但相比之下，在克莱蒙的墓志铭中没有提到过"甜美"的孩子。[①]

虽然墓碑只揭示了哀悼的情感，但其他章节试图从更为普遍的意义上描述情感的期许、价值和表达方式。在关于教皇格里高利一世（卒于604年）的一章中，罗森宛恩探讨了一个人的作品，假设格里高利的思想与他的读者产生了共鸣。这是一种与斯特恩斯或雷迪完全不同的研究方法。这也不同于心理历史学家，他们会对格里高利的情感生活本身感兴趣。罗森宛恩对格里高利所在的情感团体很感兴趣：她认为他的话表达了他所属的团体的看法和价值观。随后的章节使用了大量的资料，考察格里高利时代前后或稍晚的不同

① Rosenwein, *Emotional Communities*, p. 67.

的（情感）团体。其结果是呈现了6世纪和7世纪各种各样的但大体上并存的情感团体的全景。

（该书）涉及的时间段很有限。书中指出，即便是在中世纪早43期，人们通常认为的中世纪最野蛮的时期，人们也并不是孩子气的或冲动的。但这本书没有专门谈论埃利亚斯提出的从中世纪一直延伸到现代早期的宏大论题，也没有过多地涉及（情感）变化问题。这些都是罗森宛恩的《世世代代的感受》（2016）中涉及的论题。这本书里的背景是宏大的，从7世纪到17世纪。但研究主题却有限且精确。在各章涉及的每个宽泛界定的历史时期内，罗森宛恩讨论了两个或两个以上的情感团体。这些情感团体持续了一段时间，但它们发生了改变，产生了一些新的分支，或者形成一些“次级团体”。例如，17世纪的英国政治激进分子平等派（Levelers），组成了一个与清教徒分立的次级情感团体。他们重新定位了该派别在大多数独立且持不同意见的教会中表达的情感。他们不像独立的清教徒教会一样，只呼吁宗教自由，而是为“上帝给我们机会让这个国家自由和幸福”而斗争。[①]在平等派的语汇里，自由和幸福都有情感价值（正如我们将在下文中看到的那样，这一对词语进入《独立宣言》绝非偶然）。其他情感团体的变化是因为他们适应了新的环境。少数团体没有发生变化，导致他们被边缘化甚至消失。罗森宛恩将政治体内的情感团体比作人的生物体中的“基因组嵌合”（genome mosaicism）。它们的多样性，使其在新环境下做出新的反应成为可

① Rosenwein, *Generations of Feeling*, p. 275.

能。即便如此，由上述所有的情感序列所见，他们使用了更古老的元素。例如，15 世纪的神秘主义者（mystic，又译“潜修者”）玛格利·坎普（Margery Kempe）所揭示的，个人情感不仅与 17 世纪清教徒所表达的情感相似，而且遵循着相似的顺序。

基于所有这些研究，罗森宛恩得出结论说，在前现代和早期现代之间没有巨大的转变，没有“文明的进程”。有的只是在新的环境下对旧的元素进行改组、重新定位和重新组合，还有，重新思考。《世世代代的感受》中穿插了四章关于情感团体的讨论，使用了适用于我们正在讨论的按顺序排列的五个时期的主要情感理论。这一举动标志着一个重大转变：罗森宛恩不想否认，现代科学思想对其研究方法的影响，但她现在认识到，现代理论在历史上是偶然形成的，在未来几十年中会不断完善甚至遭到拒绝。她意识到早期的情感理论同样植根于他们自己的时代，它们启发了——也受到了——过去的情感团体的塑造。

44

与情感规约和情感表达理论一样，“情感团体”观念也影响了其他的学者。珍妮弗·科尔（Jennifer Cole）和林恩·M. 托马斯（Lynn M. Thomas）在他们主编的“现代非洲的爱情”（Love in Modern Africa）丛书中，强调了各种情感团体，避免任何“宏大叙事”，并以微小的“转化与变化的增长”来追踪历史。他们书中收录的论文，展示了非洲男性——以及，尤为重要的女性——如何在创造性的自我塑造中，以各种方式运用西方的浪漫爱情观念，既没有全盘拒绝也没有全盘采纳。在一项对美国早期历史上的年轻女性日记的研究中，玛莎·汤姆哈夫·布劳维尔（Martha Tomhave Blauvelt）以“女性加入

和离开的情感团体"为切入点组织其研究。乔安妮·麦克尤恩(Joanne McEwan）观察到，情感团体的规模是关键。虽然18世纪苏格兰的较大团体都强烈反对杀婴，但"我们从情感团体内部更小的空间和个人交流的狭小范围内，可以看到个人所行使的代理作用，并为团体的情感反应做出决定"。因此，"家庭成员相互间的忠诚和情感依恋，往往胜过遵守更广泛意义上的团体标准中规定的可接受的"情感规则"或"情感指令"。麦克尤恩将这一点与雷迪的"情感避难所"概念融合起来。另一位历史学家芭芭拉·纽曼（Barbara Newman），以两种方式使用"情感团体"：作为一种近似等效的"文本团体"，以及作为一个术语，来描述具有共同的情感价值观和遵从同样情感规范的人们。对于第一种方式，她注意到了古罗马作家奥维德的文本传统——正如中世纪史所阐述和研究的那样——如何在一本匿名的中世纪情书集里，塑造男性情人的情感团体，而基督教的文本传统，则提供了女性的声音。关于第二种方式，她建议，"虽然他们从不同的起点开始，但这些情人们聚集在一起，形成了一个或两个私人情

45 感团体，有它们自己的昵称和亲密癖好"。史蒂文·穆拉尼（Steven Mullaney）将伊丽莎白时代的戏剧视为"一种情感实验室，一种旨在定位、探索和利用那些感觉障碍与不和谐的实例化的戏剧，这些感觉障碍与不和谐，是新教改革后英国情感团体的特征"。[①]

---

① Jennifer Cole and Lynn M. Thomas, *Love in Africa*, Chicago, 2009, p. 3, 转引自 Rosenwein, *Emotional Communities*, p. 191; Martha Tomhave Blauvelt, *The Work of the Heart: Young Women and Emotion, 1780–1830*, Charlottesville, 2007, p. 10; Joanne McEwan," 'At My Mother's House,' Community and House- hold Spaces in Early Eighteenth-Century Scottish Infanticide Narratives," （转下页）

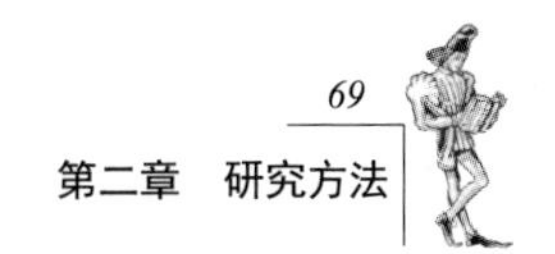

作为表演的情感

戏剧是一个“情感实验室”的说法，发展出一个最初在20世纪50年代流行的想法：人们在与他人互动时是在“上演一场戏”。1955年，J. L. 奥斯汀创造了“施为性”一词；此后不久，社会学家欧文·戈夫曼（Erving Goffman）发表了一篇关于我们如何向他人呈现自己的研究，其中有一章是关于“表演”的。克利福德·格尔茨（Clifford Geertz）等人类学家和朱迪斯·巴特勒（Judith Butler）等女权主义理论家，也接受了这一观点，他们认为人们“表演”了自己的性别。历史学家很快加入了他们。正如我们所看到的，雷迪模仿“施为性”一词提出了“情感表达”[①]。

格尔德·阿尔特霍夫是最早将情感展现视为戏剧化、仪式化表演的历史学家之一。对他来说，这么做的动力主要来自两个方面：第一，德国历史学家之间正在进行的关于现代国家的起源和意

（接上页）in *Spaces for Feeling: Emotions and Sociabilities in Britain, 1650–1850*, ed. Susan Broomhall, London, 2015, pp. 12–34, at pp. 21–23; Barbara Newman, *Making Love in the Twelfth Century: "Letters of Two Lovers" in Context*, Philadelphia, 2016, p. 26; Steven Mullaney, *The Reformation of Emotions in the Age of Shakespeare*, Chicago, 2015, p. 69。

① Erving Goffman, *The Presentation of Self in Everyday Life*（New York, 1959）; Clifford Geertz, *Negara: The Theater State in Nineteenth-Century Bali*（Princeton, 1980）; Judith Butler, *Gender Trouble: Feminism and the Subversion of Identity*, 2nd ed., London, 1999. 关于历史学家的研究，参见 Richard Wortman, *Scenarios of Power: Myth and Ceremony in Russian Monarchy*, 2 vols, Princeton, 1995–2000。有关“表演转向”的研究综述，参见 Peter Burke, "The Performative Turn in Recent Cultural history," in *Medieval and Early Modern Performance in the Eastern Mediterranean*, ed. Arzu Öztürkmen and Evelyn Birge Vitz, Turnhout, 2014, pp. 541–561; Jürgen Martschukat and Steffen Patzold, eds., *Geschichtswissenschaft und "performative turn." Ritual, Inszenierung und Performanz vom Mittelalter bis zur Neuzeit*, Cologne, 2003。

义的辩论；第二，文学家关于中世纪诗歌中的许多情感——眼泪、爱情、欢乐的著作。这两个方面在中世纪的宫廷中汇合：以国王为中心的方面是国家形成的场所；由贵族组织的方面则是文学活动的中心。当阿尔特霍夫开始写作时，许多历史学家宣称中世纪没有国家，没有官僚主义，没有主权理论，没有公民。（中世纪）没有垄断权力的实体，只有个人关系和实践：忠诚、保护、荣誉、好恶。所有这些都取决于统治者的个人魅力和个人崇拜。这些也依赖于公众情感的表达。正是在这种背景下，赫伊津哈提请人们注意中世纪晚期"夸张的"眼泪和欣喜，并将其判断为"孩童式的"。他的结论符合这样一个普遍观点，即到目前为止，只要提及中世纪的"国家"，它本身就是一种萌芽。[①] 然而，正如阿尔特霍夫所观察到的那样，当文学家们在宫廷诗歌中发现情感时，他们将其作为严肃的话题加以探讨。他建议沿着文学家的指引，去研究统治者所表达的情感，以此重新评估中世纪的统治方式。[②]

阿尔特霍夫认为，看似武断和冲动的情感爆发，实际上遵循了人们熟知的（如果没有写出来的话）游戏规则。他的方法提供了一种新的"中世纪宪政史的研究方法"。他指出，中世纪的交流通常不是通过书面文本或口头语言进行的，而是通过情感外露的行为（demonstrative acts）进行的——虔诚地跪下、祈祷时鞠躬、见面打

---

① 有关该主题的回顾，参见斯图亚特·埃利等的论述，Stuart Airlie, Walter Pohl, and Helmut Reimitz, eds, *Staat im Frühen Mit- telalter*,Vienna, 2006。

② Gerd Althoff, "Empörung, Tränen, Zerknirschung. 'Emotionen' in der öffentlichen Kommunikation des Mittelalters," *Frühmit- telalterliche Studien* 30（1996）: pp. 60–79.

招呼以及道别仪式，阿尔特霍夫提议将情感的“爆发”重新解释为政治声明（见插图 3）。它们遵循在自身所处的语境中具有明确含义的反复进行磨合的模式。实际上，公共的情感展现是向受众传达信息的仪式。这种“信号防止了误解和意外，为公众互动提供了一种人人携带武器、尚未形成国家的社会所迫切需要的安全措施”。阿尔特霍夫主张，用另一种相当复杂的政治制度取代中世纪的“国家”。

举个例子，阿尔特霍夫考察了希尔德斯海姆的贝恩沃德主教（Bishop Bernward of Hildesheim）和甘德塞姆的修女之间，发生于公元 1000 年的情感冲突。当主教违背大主教的意愿，坚持为甘德塞姆的新教堂进行祝圣时，站在大主教一边的修女们表示抗议。根据贝恩沃德的传记作者的说法，在做弥撒时，“她们生气地投掷祭品，怀着令人难以置信的盛怒，对主教发出野蛮的诅咒”。对主教来说，他“被深深地震撼，泪流满面，就像仁慈的牧羊人（即基督）为他所受的折磨祈祷时的样子。他为女人们充满恶意的愤怒感到痛惜”，并继续做弥撒。但是，正如阿尔特霍夫所指出的，投掷物品、诅咒和哭泣并不是冲动行为。相反，它们是公认表达异议的示意动作。修女们抗议主教对她们修道院的权利。反过来，主教的行为是“为达到效果而精心策划的舞台表演（staging）的一部分。他对基督的模仿证明了他是真正的牧师”。

47

阿尔特霍夫认为，对于公众喜怒哀乐的分析，也应该采取同样的论点。当奥托三世皇帝想在罗马与叛军和解时，他对叛军说出和解的话。“你们不是我的罗马人吗？为了你们，我离开了我的祖国和亲人；为了对你们的爱，我拒绝了我的撒克逊人和所有日耳曼人，

完全拒绝了我自己的血统。”他的听众们被“感动得流下了眼泪，并表示满足”。这些眼泪不是一时冲动的爆发；它们是和解的信号。[①]阿尔特霍夫认为，即使这些史料很夸张，即使它们的确“编造了一些事情”，仍然存在一个事实：写作者所讲的故事并非完全子虚乌有。即使它们没有讲出“绝对真相”，它们的叙述也一定具有真实性的一面。这意味着，历史学家可以利用这些叙述来发现当时的情感标准。事实上，它们为情感规约提供了样板，即使它们不是建议类书籍。

然而，事实上，中世纪有一些建议类书籍，其中包括所谓的王公镜鉴类书籍。这些著作告诉统治者们要表现出宽大和温和。阿尔特霍夫对这些美德是如何上演的很感兴趣，并且发现它们总是由“反对者在统治者面前跪倒并乞求原谅的公共事件”组成。[②]但也会有统治者表演愤怒的场景，尽管愤怒在建议类书籍中没有得到过赞许。J. E. A. 乔利夫（J. E. A. Jolliffe）已经说过，“国王的愤怒”是中世纪英国统治的一个常规组成部分。对于阿尔特霍夫来说，这件事更为复杂。即使是理想化的统治，也需要“强迫和恐惧”。但道德家对王者愤怒本身的态度，并不是静止的，因此对愤怒的国王的呈现，也并非一成不变。12 世纪——这恰是乔利夫所写的时期——为国王的愤

---

① Althoff, “Empörung,” pp. 61, 63, 66. 另见 Althoff, *Otto III*, trans. Phyllis G. Jestice, University Park, 2002（orig. publ. in German, 1996）, pp. 112–118, 124–125。

② Althoff, *Otto III*, p. 33.

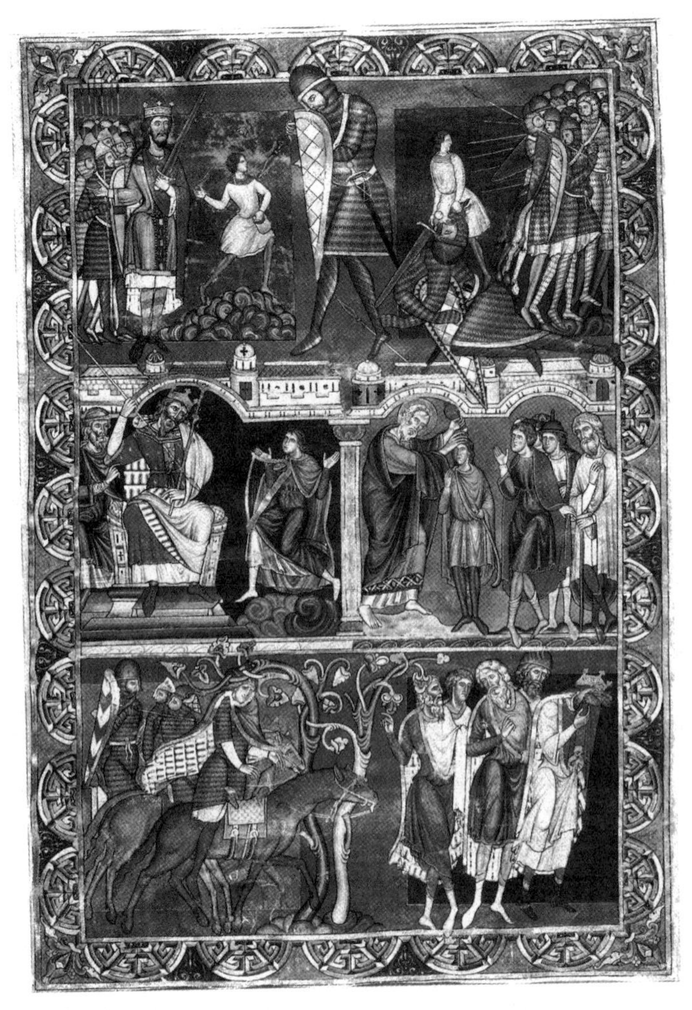

插图 3 《愤怒的灵魂，大卫的眼泪》(《温彻斯特圣经》，约 1180 年)。

英国中世纪手稿中的这些场景，佐证了格尔德·阿尔特霍夫的观点。在最上面(左侧)，国王扫罗笔直地站着，在与非利斯丁人开战时毫无表情。然而，在中间，他扭曲变形，显示出对大卫的愤怒和不满，大卫是他嫉妒的对象。下面是大卫王的儿子阿贝沙隆被谋杀的前一刻，大卫一直疏远他。最后一幕是大卫在哀悼：他用斗篷的衣角遮住眼睛，用一种在古代就已经广为人知的手势来表达他的悲伤。

怒在理论上找到了理由：国王的“正当的”愤怒被视为一种正义。[①]因此，根据中世纪道德家的说教，中世纪的情感表演得到了很好的控制。一言以蔽之，这些情感表演是“仪式”。正因为如此，阿尔特霍夫的方法，与大约同一时间正在进行的一些中世纪仪式研究很好地结合在一起，例如杰弗里·科齐奥尔（Geoffrey Koziol）对乞求赦免和帮助的习惯做法的研究。[②]

阿尔特霍夫用“表演”来解释情感展现的理性意义（通常是政治意义），这影响了许多历史学家，尤其是研究中世纪史的学者。48 这对那些研究所谓勃艮第“戏剧国家”（theater-state）的学者特别有帮助。勃艮第是一个短暂存在的公国，持续了一个世纪多点的时间（1364—1482 年），是法国王室后裔的公爵们创立的。他们利用英法百年战争的混乱局面，建立了一个由北向南的独立政治体，其境内包括传统和隶属关系迥异的地区。公爵们通过各种仪式——入境、出境、旅行、战争、缔造和平、结婚、宴请、娱乐和情感展现——将他们的国家维系在一起。因此，克劳斯·奥斯切马（Klaus Oschema）研究了勃艮第公国的交友结盟情况，将其作为情感“舞台表演”的例子——与“制度”大体相当的情感展现。这一表述并没有否定它们的情感的意义，就像现代婚姻合同上的签名，并没有

① J. E. A. Jolliffe, *Angevin Kingship*, New York, 1963; Gerd Althoff, “*Ira Regis*: Prolegomena to a History of Royal Anger,” in *Anger's Past: The Social Uses of an Emotion in the Middle Ages*, ed. Barbara H. Rosenwein（Ithaca, 1998）, pp. 59–74, at p. 61.

② Geoffrey Koziol, *Begging Pardon and Favor: Ritual and Political Order in Early Medieval France,* Ithaca, 1992.

否定一对夫妇的爱情一样。过去和现在的仪式之间的差异，取决于身体的中心地位：在中世纪，统治者的身体是情感与政治表达的工具。尽管勃艮第这个国家起草了大量书面文件，但“当我们观察这一时期的和平协定和条约时，让我们印象深刻的是其中所提及的爱情和友谊，以及对政治主角的身体的有意识的使用”。[①]

最近，洛朗·斯马吉（Laurent Smagghe）通过考虑**所有**“权贵的情感”（emotions of the prince）拓宽了政治视野。他注意到勃艮第人以两种方式对待情感：如果他们的感受得到适当地表达，他们遵循“暗含的舞台表演的指导，这些指导为权力（政府）的有效性提供精神和道德上的压舱物”；如果表达不当，它们就成为观察者进行道德判断的基础，观察者还提供了大量具有教化作用的相反的例子。斯马吉建议展示一下哪些情感对权贵有利，哪些不利。他从身体、动作和**惯习**（habitus，皮埃尔·布尔迪厄使用的一个术语，表示该文化中由个人通过内化进行的社会实践——通常是遭到轻微破坏或至少是即兴而为的社会实践）开始，接着讨论了权贵的愤怒、笑声和眼泪。[②]

历史学家并没有将他们对表演研究方法的使用局限于中世纪。古典主义者研究了情感在希腊和罗马演讲中的表现方式。对于现代世界，多丽丝·科莱什（Doris Kolesch）对路易十四宫廷中表达的情感进

49

---

① Klaus Oschema, *Freundschaft und Nähe im spätmittelalterlichen Burgund. Studien zum Spannungsfeld von Emotion und Institution*, Cologne, 2006, p. 24.

② Laurent Smagghe, *Les* Émotions *du prince.* Émotion *et discours politique dans l'espace bourguignon*, Paris, 2012, p. 23.

行了收获颇丰的研究。虽然埃利亚斯和雷迪都认为，宫廷是情感压抑的引擎，但科莱什称其为“快乐的社会”，并列举了感受（快乐）的许多场景：演出、盛宴、园艺和娱乐。路易的宫廷弥漫着一种无处不在的“宫廷式情感”，这是一种激情美学，其基调来自生活剧场，也来自舞台。①

表演理论并不否认人们可能会感受到他们所展现的情感，也不否认（另一方面）他们可能会假装有这样的情感。这一理论的重点是，在他人面前展现情感时对外界产生的影响，以及这些影响——无论是令人渴望的还是恐惧的定义处于此种情感表露状态的自我的方式。简而言之，这种研究方法首先与身体有关。

研究方法的使用：美国的《独立宣言》

当面对同一个文本《独立宣言》时，拷问一下这四种不同的情感史研究方法是如何运用的，不无裨益。当然，我们这是在讨巧，试图使用大多数情况下从未被用于这个具体文本的一些研究方法。但是，这个做法有助于通过非常简短的对可能性的大致勾勒，以突出各个理论之间的差异性和相似性。

《独立宣言》由托马斯·杰斐逊（卒于1826年）于1776年起草。它可能不是一份公认的讨论情感的备选材料；有人会说这个文件不

① 有关古代修辞，参见 Ed Sanders and Matthew Johncock, eds, *Emotion and Persuasion in Classical Antiquity*, Stuttgart, 2016; Doris Kolesch, *Theater der Emotionen*. Ästhetik *und Politik zur Zeit Ludwigs XIV*, Frankfurt, 2006。

是很“情感”。然而，至少有三个原因说明这种可能的反对是不成立的。首先，带着对什么是“情感”的先入为主的想法来看待任何文件，并不是最好的史学方法。其次，造成这一系列不满的东西，可能正是表达和唤起情感的方式。再次，《独立宣言》至少包括一个如今通常被视为情感的词：“幸福”。

《独立宣言》[①]

50

大陆会议，一七七六年七月四日。

美利坚十三个联合邦一致通过的宣言

在有关人类事务的发展过程中，当一个民族必须解除其和另一个民族之间的政治联系，并在世界各国之间依照自然和自然神明的法则，取得独立和平等的地位时，出于对人类公意的尊重，必须宣布他们不得不独立的原因。

我们认为下面这些真理是不言而喻的：造物主创造了平等的个人，并赋予他们若干不可剥夺的权利，其中包括生命权、自由权和追求幸福的权利。为了保障这些权利，人们才在他们之间建立政府，而政府之正当权力，则来自被统治者的同意。任何形式的政

① 此处《独立宣言》的汉译，录自任东来、陈伟、白雪峰等著：《美国宪政历程：影响美国的25个司法大案》，中国法制出版社，2015年，第507—510页。译者仅根据英语原文中的排版安排，对汉译格式稍作调整。谨向各位作者特别是任东来先生致敬！——译者注

府，只要破坏上述目的，人民就有权利改变或废除它，并建立新政府；新政府赖以奠基的原则，得以组织权力的方式，都要最大可能地增进民众的安全和幸福。的确，从慎重考虑，不应当由于轻微和短暂的原因而改变成立多年的政府。过去的一切经验也都说明，任何苦难，只要尚能忍受，人类都宁愿容忍，而无意废除他们久已习惯了的政府来恢复自身的权益。但是，当政府一贯滥用职权、强取豪夺，一成不变地追逐这一目标，足以证明它旨在把人民置于绝对专制统治之下时，那么，人民就有权利，也有义务推翻这个政府，并为他们未来的安全建立新的保障——这就是这些殖民地过去逆来顺受的情况，也是它们现在不得不改变以前政府制度的原因。当今大不列颠国王的历史，是一再损人利己和强取豪夺的历史，所有这些暴行的直接目的，就是想在这些邦建立一种绝对的暴政。为了证明所言属实，现把下列事实向公正的世界宣布。

他拒绝批准对公众利益最有益、最必要的法律。

他禁止他的总督们批准急需和至关重要的法律，要不就把这些法律搁置起来等待他的同意；一旦这些法律被搁置起来，他就完全置之不理。

他拒绝批准允许将广大地区供民众垦殖的其他法律，除非那些人民情愿放弃自己在立法机关中的代表权；但这种权利对他们有无法估量的价值，只有暴君才畏惧这种权利。

51 他把各地立法机构召集到既不方便、也不舒适且远离公文档案保存地的地方去开会，其惟一的目的是使他们疲于奔命，顺从他的意旨。

他一再解散各殖民地的议会，因为它们坚定果敢地反对他侵犯人民的各项权利。

在解散各殖民地议会后，他又长时间拒绝另选新议会。但立法权是无法被取消的，因此这项权力已经回到广大人民手中并由他们来行使；其时各邦仍然险象环生，外有侵略之患，内有动乱之忧。

他竭力抑制各殖民地增加人口，为此，他阻挠《外国人归化法律》的通过，拒绝批准其他鼓励外国人移居各邦的法律，并提高分配新土地的条件。

他拒绝批准建立司法权力的法律，借以阻挠司法公正。

他控制了法官的任期、薪金数额和支付，从而让法官完全从属于他个人的意志。

他建立多种新的衙门，派遣蝗虫般多的官员，骚扰我们人民，并蚕食民脂民膏。

在和平时期，未经我们立法机关的同意，他就在我们中间驻扎常备军。

他使军队独立于民政权力之外，并凌驾于民政权力之上。

他同一些人勾结，把我们置于一种与我们的体制格格不入且不为我们的法律认可的管辖之下；他还批准这些人炮制的假冒法案，来到达下述目的：

在我们这里驻扎大批武装部队；

用假审讯来包庇他们，使那些杀害我们各邦居民的谋杀者逍遥法外；

切断我们同世界各地的贸易；

未经我们同意便向我们强行征税；

在许多案件中剥夺我们享有陪审团的权益；

编造罪名把我们递解到海外去受审。

在一个邻近地区废除英国法律的自由制度，在那里建立专横政府，并扩大它的疆界，企图使之迅即成为一个样板和得心应手的工具，以便向这里的各殖民地推行同样的专制统治；取消我们的特许状，废除我们最宝贵的法律，并且从根本上改变了我们的政府形式；中止我们自己的立法机构，宣称他们自己在任何情况下都有权为我们立法。

52 他宣布我们已不在他的保护之下，并向我们开战，从而放弃了这里的政权。

他在我们的海域大肆掠夺，蹂躏我们的海岸，焚烧我们的市镇，残害我们人民的生命。

此时他正在运送大批外国佣兵来完成屠杀、破坏和肆虐的勾当，这种勾当早就开始，其残酷卑劣甚至在最野蛮的时代也难出其右。他完全不配做一个文明国家的元首。

他强迫在公海被他俘虏的我们公民同胞充军，反对自己的国家，成为残杀自己朋友和亲人的刽子手，或是死于自己朋友和亲人的手下。

他在我们中间煽动内乱，并且竭力挑唆那些残酷无情的印第安人来杀掠我们边疆的居民。众所周知，印第安人的作战方式是不分男女老幼，一律格杀勿论。

在这些压迫的每一阶段中，我们都曾用最谦卑的言辞请求救济，但我们一再的请求所得到的答复却是一再的伤害。这样，一个君主，在其品行人格已打上了可以看作是暴君行为的烙印时，便不配做自由人民的统治者。

我们不是没有顾念我们英国的弟兄。我们一再警告过他们，他们的立法机关企图把无理的管辖权横加到我们的头上。我们也提醒过他们，我们移民并定居来这里的状况。我们曾经呼唤他们天生的正义感和侠肝义胆，我们恳切陈词，请他们念在同文同种的份上，弃绝这些必然会破坏我们彼此关系和往来的无理掠夺。对于这种来自正义和基于血缘的呼声，他们却也同样置若罔闻。迫不得已，我们不得不宣布和他们分离。我们会以对待其他民族一样的态度对待他们：战时是仇敌，平时是朋友。

因此，我们，集合在大陆会议下的美利坚联合邦的代表，为我们各项正当意图，吁请全世界最崇高的正义：以各殖民地善良人民的名义并经他们授权，我们极为庄严地宣布，这些联合一致的殖民地从此成为、而且是名正言顺地成为自由和独立的国家；它们解除效忠英国王室的一切义务，它们和大不列颠国家之间的一切政治关系从此全部断绝，而且必须断绝；作为自由独立的国家，它们完全有权宣战、媾和、结盟、通商和采取独立国家理应采取和处理的一切行动和事宜。为了强化这篇宣言，我们怀着深信神明保佑的信念，谨以我们的生命、财富和神圣的荣誉，相互保证，共同宣誓。

（下面列有签名）[①]

---

① 《独立宣言》英语原文，参见网址：https://www.archives.gov/founding-docs/declaration-transcript。

53

情感规约

情感规约方法强调的是基本情感，以及看待这些情感的不断变化的标准，这一方法要求我们拷问，在《独立宣言》起草时，美国殖民者已经接受了什么样的幸福标准。毫无疑问，这些标准将被纳入公共政策，甚至是《独立宣言》中。这一时期没有针对中产阶级的建议类书籍——事实上，压根也没有多少中产阶级。尽管如此，还是有一些"行为手册"。C. 达利特·亨菲尔（C. Dallett Hemphill）发现，大约在18世纪中叶，传统行为手册的垄断地位行将结束，这些书籍都可以追溯到文艺复兴时期，它们只供精英阅读。市场上出现了为"范围更大的、富裕的盎格鲁血统的美国家庭群体"编写的新行为手册。这些手册的重点是"控制身体和面部"，最重要的是面部。"一是要表现得'轻松与和蔼可亲'，并在正式场合和家族内部之间取得平衡。"最受欢迎的指南，是切斯特菲尔德勋爵（Lord Chesterfield）的《写给儿子的信》(*Letters to His Son*)。"切斯特菲尔德建议'外表'上要有'一定程度的严肃……和体面的愉快'。"女性建议类书籍告诉她们同样的事情：她们的言语、行为、面部表情要"开朗、欢快，但要有适度的矜持，以使男人敬畏并采取适当的行为"。①

谈到这一点，斯特恩斯本人考察了切斯特菲尔德的建议对《独立宣言》的影响：

---

① C. Dallett Hemphill, "Class, Gender, and the Regulation of Emotional Expression in Revolutionary-Era Conduct Literature," in *An Emotional History of the United States*, ed. Peter N. Stearns and Jan Lewis, New York, 1998, pp. 33–51, at pp. 34, 37–38, 42.

> 追求幸福是西方文化的一个重大变化，部分源于新的思想上的冲击——包括对物质进步的更大程度的哲学上的接受，但它似乎与现代性的初期阶段十分契合。几个世纪以来，人们一直被要求在上帝面前谦逊，与之相反的是，在人们对一种略显忧郁的个人给予相当高的评价时，一种新的异口同声的建议，不仅强调快乐的合法性，而且强调快乐在社会意义上的重要性。这个想法迅速流行开来，以至于这些新近崛起的美国人，甚至在他们的革命性文件中加入了幸福权。

在这里，斯特恩斯提出，对幸福的合法性的确认，与对加尔文主义所钟爱的严肃宗教观的拒绝是同时进行的。这是一个关键时刻：现代性——对蒸汽驱动工厂的欢迎、对人类创造力的启蒙性的信任、对世俗抱负的接受、对财富和舒适的追求——使得快乐不仅仅是可以接受的，而且成为一种必要的美德。斯特恩斯指出，当费城爆发黄热病时，人们的反应不是悲叹人类的罪恶或者徒劳的悲痛，而是告诉人们“打起精神来”。这一新态度在《独立宣言》中已经是很明明确的。[①]

54

情感体制

雷迪的研究方法并没有假定基本情感的存在，或者强调一些特殊的“情感词语”，比如幸福。相反，他感兴趣的是特定情况下

① Stearns, *Satisfaction* Not *Guaranteed*, pp. 41–42.

允许——或不允许——情感自我改变和探索的方式。因此，文件本身并不那么重要。人们很容易想象，从情感表达和情感体制的角度来看，美国革命是法国革命的彩排。但这过于简单化了。正如妮可·尤斯塔斯（Nicole Eustace）所证明的那样，美国革命作家受到情感主义的激励，但在美国，情感主义并没有形成一个避难所。相反，在美国，情感主义是一种情感体制。它认可了现状的有效性。

尤斯塔斯指出，在殖民地，情感与感受一样是社会地位的标志。虽然殖民地的精英们用亲密的语言来称呼生意上的伙伴，但他们从未对仆人或奴隶使用过这样的词汇。如果他们生气了，他们确保要克制地表达出来；只有地位较低的人才会任由愤怒压倒他们（思想大约也是这样的）。殖民地新英格兰的精英们培养了一种上流社会的感受，在他们看来，这种感受使他们与英国精英处于同一水平。他们认为其他人——黑人奴隶、贫穷的白人和女性——的情感“时而不足，时而过度”。

那么，哪里是殖民地的情感避难所呢？也许是在托马斯·潘恩（Thomas Paine）这样的人那里，他们“坚持认为激情的倾向是普遍的——所有人都不可避免、始终如一，甚至是心向往之”。或者，这也许能够在1765年殖民地印花税法会议上所采用的悲伤修辞中发现。正如尤斯塔斯所说的，“由愤怒支撑的悲伤能够以尊敬的话语来传达反抗，而避免以任何形式被指责为软弱”。哀悼成为一种“抗议方式”。[①] 从这个意义上说，幸福是一种情感——或者毋宁说，用当

55

① Eustace, *Passion Is the Gale*, pp. 5, 398.

时的术语来表达，是“激情”，它抵消了殖民地的人在英国统治下的悲伤。无论如何，《独立宣言》标志着（情感）避难所的胜利，但其平等和自由的理念只适用于白人男性。《独立宣言》中的“追求幸福”，只是起草和签署《独立宣言》以及即将组建新政权的那类人的另一种特权。这种精英主义的遗产，今天仍然伴随着我们。

情感团体

想要从情感团体角度理解《独立宣言》的研究者，第一个任务是关注谁签署了这份文件。第二个任务是收集这些男人所书写的材料（他们恰好都是男人）[①]，并就其中的情感进行分析。“幸福”对签署者意味着什么？他们是否属于一个情感团体——还是不止一个？

简·刘易斯（Jan Lewis）探讨了杰斐逊的世界，并就此发表了一些中肯的看法。在 18 世纪的弗吉尼亚州，幸福是获得独立后的感受。“如果我是独立的，”一个年轻人写道，“我应该很高兴。”独立到底意味着什么？根据刘易斯的看法，幸福的人，是一个没有“与他人纠结不清的关系，特别是债务缠身的关系”的人。直到 19 世纪，幸福开始与个人的满足感而不是公共地位联系在一起。由此，《独立宣言》呼唤的“幸福”，是指令人自豪的个人的独立，这是“自由”的另一个方面，而其对“追求”的强调，重视的是“精神的稳定，

① 此处括号中的文字，是作者的一种幽默说法，在英语中，man 既指一般意义上的“人”，也指“男人”。作者此处的原意，是指一般意义上的“人”，但由于这些签署者都是男性，所以作者以括号中的文字指出了这一点。同时，《独立宣言》中最著名的那句“人人生而平等”中，使用的正是 man 的复数形式 men，作者此举也是对这份文件的呼应。——译者注

举止的端庄”，这被认为会带来“生活中的幸福”[①]。

这就是在一个情感团体中解读出的意义。但是，尽管幸福对弗吉尼亚州的杰斐逊来说，可能意味着这些，但它似乎与生活在费城的人所指的幸福是截然不同的东西。在那里（《独立宣言》签署的地方），受过教育的殖民地人热切地阅读了1732年至1738年英国诗人亚历山大·蒲柏发表的关于人的文章。正如尤斯塔斯所表明的那样，蒲柏认为激情——我们所说的“情感”——是“同时促进自我和社会发展”的必要条件。[②] 当蒲柏撰写他的充满诗意的《批评论》[③]时，他已经因为翻译荷马的诗而闻名遐迩。他的希腊语很好，他从亚里士多德那里很清楚地了解到，幸福感（eudaimonia）——比如幸福、健康——是人类的归宿，即人类的目标。这意味着按照美德行事。亚里士多德认为，朝着这个目标奋斗，依赖于人们普遍认为美好生活所必需的一切：美丽、健康、财富和权力。这些事情一部分来自人类的努力，一部分来自好运。当蒲柏写道，幸福是“我们人类的归宿和目的”时，他正确地翻译了亚里士多德（的意思）。[④]

56

---

① Jan Lewis, *The Pursuit of Happiness: Family and Values in Jefferson's Virginia*, Cambridge, 1983, pp. 108, 121; 另见 Pauline Maier, *American Scripture: Making the Declaration of Independence*, New York, 1997, p. 134，这篇文章认为，杰弗逊用“幸福”这个词，取代了他从弗吉尼亚的权利宣言草案中看到的一个较长的短语，该草案称，人的诸多权利中包括“享受生命和自由，以获得和拥有财产的方式，追求和获得幸福和安全”。

② Eustace, *Passion Is the Gale*, p. 19.

③ 此处原文中的 Essay，是指亚历山大·蒲柏的 *An Essay on Criticism*（《批评论》）。——译者注

④ 此处所有引用，均出自其书信 4 的网络版本，参见网址 http://www.gutenberg.org/files/2428/2428-h/2428-h.htm。

正如菲尔·维辛顿（Phil Withington）所表明的，当“幸福”一词在15世纪中期进入英语时，“源于古挪威语的名词‘hap’，意思是运气或财富”。[①] 这与（亚里士多德的）幸福感如此接近，所以蒲柏在翻译中使用了它。

但蒲柏也在基督教语境中使用幸福一词，在这一语境中，最高的善并不在此世。因此，根据蒲柏的说法，幸福是“引起永恒叹息的东西，/为了它我们忍辱求生，甚或英勇赴死，它近在咫尺，却又遥不可及”。我们为此“叹息”；我们为之“英勇赴死”。简而言之，我们“追求”它。如果《独立宣言》的一些签署者想到了蒲柏（可能是这样），那么他们可能就是这样理解幸福的。他们可能已经把蒲柏所说的这种幸福，看作对“人人生而平等”的进一步阐述。在蒲柏的诗中，幸福并不意味着没有社会地位差异，因为“秩序是天堂的第一定律；而这个忏悔者（承认），/有些人是，也必须是，比其他人更伟大”。蒲柏的幸福不是个人的幸福感，而是整个共同体的一种品质：“记住，人们，‘普遍的事业/行为不是通过部分的，而是通过总体的法则；’/并且使我们公允地称之为幸福的生活，不是为了一个人的利益，而是为了所有人的利益。”1776年，在弗吉尼亚人和费城人的情感团体中，幸福的第一含义并不完全是“快活”（cheerfulness），但它肯定与殖民地人在印花税法事件时就开始形成的“悲伤修辞”相反。 57

① Phil Withington, “The Art of Medicine: Utopia, Health, and Happiness,” *The Lancet* 387/10033（2016）: pp. 2084–2085, at p. 2085.

表演理论

当表演完全与身体及其示意动作联系在一起时，如何能够用这种“表演”方法来研究一个文本？答案是书写材料也有一个身体，一个外观。他们也在呈现自己。《独立宣言》的“外观”表明了其重要性（见插图 4）。它尺寸很大（约 24 英寸 ×30 英寸），使用了许多不同形式的字体来显示其权威，并明显地把各个部分标示出来；它的排版是经过深思熟虑的，它的各个要点用线条勾勒出来；它写在羊皮纸上，虽然不是“一张特别好的纸……只是一种普通的殖民地制造品”。20 世纪 20 年代，它在国会图书馆展出，就像放在神龛里一样，被装裱起来，直立摆放，像一幅祭坛画。今天，它位于国家档案馆大楼的圆形大厅内，由一个密封容器保护着，紧挨着美国宪法。亚伯拉罕·林肯借助其权威声讨奴隶制；马丁·路德·金将它称为“每个美国人都是这张期票的合法继承人……是的，所有人，无论是黑人还是白人，都将得到不可剥夺的生命权、自由权和追求幸福的权利的保障”。就像阿尔特霍夫所研究的国王们，或霍赫希尔德探讨的空姐们一样，它也被准备好了去进行陈述。[①]

《独立宣言》在原始历史背景下也表演得很好。当时的人们可能已经熟悉了英国国王的皇家敕令。这一文件与皇家敕令有着相同

---

① 关于这些文献的表演性质，参见 Geoffrey Koziol, *The Politics of Memory and Identity in Carolingian Royal Diplomas: The West Frankish Kingdom*（*840–987*）, Turnhout, 2012, esp. pp. 42–62; 关于美国历史上羊皮纸的类型及《独立宣言》对羊皮纸的使用，参见 Maier, *American Scripture*, p. xi; 关于马丁·路德·金的《我有一个梦想》演讲，参见网址 http://www.ushistory.org/documents/i-have-a-dream.htm。

IN CONGRESS, JULY 4, 1776.

The unanimous Declaration of the thirteen united States of America,

插图 4　《独立宣言》(1776 年 7 月 4 日颁布)

这件雕版印刷品使《独立宣言》的物理特征非常清晰，从粗体的“大陆会议”开始，让人联想到英国国王颁布的敕令的样子，实际上是在宣告刚刚成立的美国的正式地位。其中的许多不满之词，被用浓重的黑色笔划区隔开来，暗示抄写员和签名者的愤怒，并替随后的所有观者表达了愤怒。

的“外观”，这种设计可以追溯到中世纪，甚至是古代世界。殖民者习惯于谈论权利，这可以追溯到12世纪，当时的教会法涉及“自由权”“参加选举的权利”，并阐述了自然权利的概念。约翰·洛克（卒于1704）关于政府的著作——在美洲殖民地有着巨大的影响力——谈到了人的平等以及他们的“生命、健康、自由和财产”的珍贵性，58 简而言之，就是他们的“权利”。代表殖民地人的皇室文件，经常包括关于“权利”的条款，正如殖民地人自己起草的文件一样。[①]

《独立宣言》中的词语也是表演性的。他们创建了一个新的独立国家，并以此命名参与创建这个国家的人。此外，署名是以个人签名的形式出现的：因此，《独立宣言》具有法律效力，签署人必须在未来将其付诸行动。同时，它唤起了人们对过去行为的记忆：真实的人拿起笔，也许犹豫了一会儿，或者像约翰·汉考克（John Hancock）一样，骄傲地挥笔写下自己的名字。《独立宣言》的外观让人联想到这个时刻，每次阅读时都会重新想象一下。这就是表演的背景，在这个背景中一定会读到对幸福的追求：每一条关于国王不公正行为的条款，都在**表演**这种追求，因为它宣布国王的行为是非法的。

到目前为止，这种表演似乎并非情感上的，而是政治上的：这

---

① 有关权利的语言，参见 Brian Tierney, *The Idea of Natural Rights: Studies on Natural Rights, Natural Law, and Church Law, 1150–1625*, Atlanta, 1997; John Locke, *Second Treatise of Government*（1690）, 2, pp. 6-7, 按章节引用自 https://www.gutenberg.org/ files/7370/7370-h/7370-h.htm and cited by chapter and section。有关代表殖民地的皇室文件，参见以下网址的多个章程 http://avalon.law.yale.edu/subject_menus/statech.asp。

份文件宣告了自己的权威。但回想一下阿尔特霍夫的理论，情感首先是交流模式——以示意动作的形式所做的政治声明。签署这份《独立宣言》的人是这样的吗？ 1776 年 7 月 1 日，杰斐逊从费城写信给威廉·弗莱明（William Fleming，弗吉尼亚州前州长），诉说他的焦虑：他离家 300 英里——

> 因此公开处于秘密暗杀之下，没有自我保护的可能。我希望在我这里不要发生这种事。但我无法放下心来。如果对我有任何怀疑，我的国家将以《独立宣言》的形式收到我的政治信条，这是我最近受指示起草的文件。这将提供决定性的证据，证明我自己在情感上同意他们指示我们所投的票。①

因此，对于杰斐逊来说，这份《独立宣言》是一种即便去死也要声援"他的国家"的姿态。另一个签名人约翰·亚当斯（John Adams）同时写信给塞缪尔·蔡斯（Samuel Chase，来自马里兰州的代表），他同样担心：

> 如果你想象我期望这份《独立宣言》，能够避免这个国家陷入灾难，那你就大错特错了。我们注定要经受一场血腥冲突。

---

① James P. McClure and J. Jefferson Looney, eds, *The Papers of Thomas Jefferson Digital Edition*, Charlottesville, 2008– 2017, 参见网址 http://rotunda.upress.virginia.edu/founders/ TSJN-01-01-02-0175。

59 如果你想象我在脱离英国之后，吹嘘过上了幸福和安宁的日子，那你又错了。

他用“自由是对贫穷、不和谐和战争等的抗衡”[①]的思想，为自己鼓劲。在他这里，《独立宣言》作为一个最为重要的宣告，部分地拒绝了轻松的感受。

差 异

这些研究方法产生了不同的结果。毫无疑问，有些研究者会想把它们放在一起形成一种“拼盘”。在这样做之前，需要注意一些事项。这些方法互不相同是有充分理由的。它们建立在不同的基础上，如果不是完全不兼容的话，至少不能完全互补。

情感规约最感兴趣的是现代性。这就是为什么斯特恩斯从现代概念、情感和情感词语开始研究。他考察针对这些（情感）的态度是如何变化的，因为他想了解，当今人们的私人生活和公共政策。雷迪对人类的状况更感兴趣——我们生来就有情感表达（这要求我们改变），但我们注定要生活在情感体制之中（这要求我们顺应）。他的研究方案，使他能够批判西方社会及其情感传统，但同时也认识到，随着政权和庇护所一个接一个地变化，这些传统也必定发生变化。相比这两者，罗森宛恩关注的是多样性。她的方法属于微

① Sara Martin, ed., *The Adams Papers Digital Edition*, Charlottesville, 2008–2017, 参见网址 http://rotunda.upress.virginia.edu/ founders/ADMS-06-04-02-0142。

观史：她假设观察特定群体将得到关于更大整体的最生动的见解。她认为，至少在大多数情况下，人们天生就处在——或创建，或找到——他们感到舒适的情感团体中。她提出，许多不同的情感团体同时共存。表演的观点从身体开始——身体的示意动作，身体所宣告的内容。它并不否认，人们可能会感受到他们的情感，但这不是其理论主要关心的问题。它把世界视为一个（表演的）舞台。

这些研究方法，以不同的方式评判情感理论。斯特恩斯接受现代的基本情感理论，他认为过去的情感理论有助于引导情感规约。60 它们进入了建议类书籍；当人们控制自己的情感表达时，它们指引着他们。对于雷迪，有些现代科学理论提出了情感表达的观念，但他完全根据自己的看法来理解情感表达。他对过去的理论并不特别感兴趣。对罗森宛恩来说，过去和现代的理论都很重要。后者在一定程度上支持了她的观点，即情感词汇是关键。前者有助于解释这些词汇。阿尔特霍夫不关心情感理论，相反，他关心的是交流模式。

这四种研究方法对情感变化也有不同的期待。情感规约假设情感类别——愤怒、恐惧、爱等等——是稳定的，而看待它们的标准则不断发生变化。另一方面，情感表达则假设情感一直处于变动之中：把一种情感固定下来，就是剥夺了情感的自由。罗森宛恩的团体的情感，则不那么易变。每个团体都有自己的情感词汇，在一段时间内是相当稳定的。通常情况下，这套词汇或多或少与其他同时代的团体是共享的，就像清教徒和平等派都陶醉于自由的观念一样。他们互相理解。但即便如此，他们在什么构成了自由这个问题上，并未达成一致。至于表演观点，它要求情感具有固定的意义，

因为它们的功能，是向公众释放某些能够被充分理解的信息，无论大事还是小情。

最后，这些研究方法对待“情感管理”的看法不同。情感规约假定人们希望“适当”管理自己的情感，但新的情感规约需要大约一代人才能完全得到吸收和实施。对雷迪来说，情感表达的存在，使所有的情感控制都成为一种劳动的形式，一个“付出努力的领域”。情感体制需要这种劳动，这是维持政治和社会稳定所必需的。但是，为了控制情感，必然会不遗余力地打压的，也正是情感表达的这一本质。罗森宛恩承认，西方的情感理论强调情感的管理。但是，情感团体的多样性意味着人们有一些选择余地。因此，正如她所说的，“从根本上来说，……情感团体似乎没有努力控制他们的情感……此外，情感团体似乎享受他们的情感规范和价值观”。[①] 表演观点则认为，情感劳动要符合情感规则与社会需求，这些规则与需求构成了更大范围的政治和社会实践体系。

61

很少有历史学家（当然，除了斯特恩斯、雷迪、罗森宛恩和阿尔特霍夫之外）会把自己归类为这种或那种方法的支持者。事实上，关于具体方面或论题的研究，似乎乍看上去与这些方法论中的任何一个都没有关系。然而，最近出版的涉足该领域的多部著作，确实有一种家族相似性，都特别强调身体。认识身体和情感的多种研究方式，是第三章要讨论的主题。

① Reddy, *Navigation of Feeling*, p. 57; Rosenwein, *Generations of Feeling*, p. 316.

第三章

身　体

我们称之为构成所有生命体的组成部分的事物，它们与整体是如此不可分割，以致它们可能只有在整体中才能被理解。 62

歌德：《基于斯宾诺莎的一项研究》（约 1785 年）

自 21 世纪初以来，情感史学家将第一章、第二章中探讨的“基本方法”与新的兴趣点相结合，这些兴趣乍看上去可能完全不同，但它们都以身体作为首要主题。然而，它们以两种截然不同的方式看待身体。首先，身体是有界的（bounded）和自主的（autonomous），每一件在情感上看来有意义的事情都是在其**内部**进行的。这种情感是生理学上的，与大脑、内脏和心脏有关。在第二种情况下，身体是能渗透的（porous），并与外部环境相融合。它是由空间、建筑和周围的物体来界定的；它实际上是物质世界的一部分。然而，这些观点都有某些人为色彩，因为很少有思想家愿意把身体看成要么是完全自主的，要么是完全可渗透的。事实上，正如我们将看到的那

样，实践理论和情动理论在某种程度上兼顾这两种身体。

如果这些研究身体的不同方法看起来令人困惑，读者应该为这并非什么新鲜事而感到鼓舞。早在 1995 年，卡罗琳·拜纳姆（Caroline Bynum）就抱怨说，目前关于身体的讨论，“在各个学科之间几乎完全不可通约，而且往往相互无法理解”。她指的是那些要么把身体基本上视为“自然”（生理学研究方法）的，要么是“文化”（社会建构主义观点）的学术著作。最近的情感史是否调和了这种对立？新近对于情感的关注，是否有助于书写更完整、层次更为分明的身体史？仔细阅读有关身体的最新论著，我们意识到医疗、痛苦、疼痛、性别等等仍然吸引着历史学家，但是，对**情感身体**（emotional body）的新关注，是如何重塑这些话题的呢？①

63

有界的身体

1974年，雅克·勒戈夫（Jacques Le Goff）和皮埃尔·诺拉（Pierre Nora）发表了一份宣言，呼吁“历史的新方向”，他们关于身体的唯一一章的副标题是“历史上的病人”。事实上，人们对身体——一个基本上自主的“科学的身体”——的兴趣，最初是由医疗史和卫生史驱动的。虽然情感还不是一个焦点，但他们也在同一章中（尽管只是简单地）指出，身体是欲望和痛苦的场所，即情感场所。在这本有影响力的书出现之后，关于身体的历史学研究开始关注到疾病和

① Caroline Walker Bynum, “Why All the Fuss about the Body? A Medievalist's Perspective,” *Critical Inquiry* 22（1995）: pp. 1–33, at p. 5.

痛苦。[1]

最初，性别和性行为也被视为有界的、医学化的身体问题。例如，丹尼尔·雅卡尔（Danielle Jacquart）和克劳德·托马塞（Claude Thomasset）研究了中世纪的性欲和医学，托马斯·拉克尔（Thomas Laqueur）考察了生殖解剖学和生理学的发展，讲述了从希腊人到弗洛伊德的性的故事。即使是米歇尔·福柯——尽管他批评将身体视为"生理过程和代谢场所"或"细菌和病毒攻击的目标"——也求助于医学知识史来理解"医学框架内的性愉悦问题"的背景。[2]

情感和性别史学家最初也接受了这一主题的物理学定义，将性别视为男性和女性性器官的问题。然而，随着性别作为一种社会表演（social performance）的观念的确立，这种情况发生了变化。在福柯式的社会建构主义思想启发下，彼得·布朗（Peter Brown）和卡罗琳·沃克·拜纳姆等历史学家对身体的使用，取决于其所处的语境。布朗研究了早期基督教中的独身身体（celibate body），一种由社会和宗教团体塑造的身体，高度重视终身放弃所有性活动。就 64

---

① Jacques Revel and Jean-Pierre Peter, "Le corps. L' homme malade et son histoire," in *Faire de l'histoire*, vol. 3 : *Nouveaux objets*, ed. Jacques Le Goff and Pierre Nora（Paris, 1974）, pp. 169–191.

② Danielle Jacquart and Claude Alexandre Thomasset, *Sexuality and Medicine in the Middle Ages*, trans. Matthew Adamson, Cambridge, 1988（orig. publ. in French, 1985）; Thomas Laqueur, *Making Sex: Body and Gender from the Greeks to Freud*, Cambridge, 1992; Michel Foucault, *Discipline and Punish: The Birth of the Prison*, trans. Alan Sheridan, New York, 1979（orig. publ. in French, 1975）, p. 25. 另参见 Foucault, *The History of Sexuality*, trans. Robert Hurley: vol. 1, *An Introduction*; vol. 2, *The Use of Pleasure*; vol. 3, *The Care of the Self*, New York, 1978–1986（orig. publ. in French, 1976–1984）。

拜纳姆而言，她研究了中世纪晚期欧洲女性欣喜若狂、饥肠辘辘的身体，以阐明她们的虔诚及其基督徒教友们的宗教感性（religious sensibilities）的本质。从某个角度来看，独身和饥饿是“身体实践”。这让人想起马塞尔·毛斯（Marcel Mauss）的“身体技巧”——不同社会教会人们“使用身体”的不同方式，这种实践促使情感史学家详细阐述我们在这里所称的“实践的身体”。当情感史学家转向这个话题——身体如何行动，以及这些动作如何表达和产生了情感——的时候，他们对身体和世界相互作用的方式进行了大量研究。循此，我们开始接近渗透的身体（porous body）的概念。[①]

生理学的身体

情感与医疗之间的联系，早在20世纪90年代就已经是一个收获颇丰的研究领域。正是在那时，历史学家奥特尼尔·德罗（Otniel Dror，他也曾接受过医师培训）写道：一门新的、以实验室为基础的情感科学，开始于19世纪末与20世纪初。生理学家、心理学家和医学专业人士等等，使身体——与精神或灵魂无关——成为情感的关键。他们支持通过生理测试来区隔和探索恐惧、笑声和惊异的本质，发明了情感测量指标以记录身体状态：代谢率、血压、体温

① Peter Brown, *The Body and Society: Men, Women and Sexual Renunciation in Early Christianity*, New York, 1988, p. xiii; Caroline Walker Bynum, *Holy Feast and Holy Fast: The Religious Significance of Food to Medieval Women*, Berkeley, 1987; 拜纳姆随后有关身体的文化意义的研究，参见 *The Resurrection of the Body in Western Christianity, 200–1336*, New York, 1995; Marcel Mauss, “Techniques of the body,” *Economy and Society* 2/1（1973）: pp. 70–88, at p. 70（orig. publ. in French, 1935）。

调节、心律、肠道收缩等等。维多利亚时代的科学家曾对情感进行定性评估。其后的生理学家、心理学家和临床医生坚持用数字和图表来表示客观指标。他们对“正常”的定义，不是在社会环境中处于习惯性的、情感化状态下的身体，而是实验室中的非情感化的身体。无论患者说了什么、有什么意愿或知晓了什么，身体都是透明的，它通过不偏不倚的仪器对研究人员“说话”。这一观点的影响是巨大的。据说测谎仪之类的机器能够获取真相；事实上，只有机器 65 被认为有能力探索真实的自我。①

德罗通过与福柯的“审查”（examination）概念进行对比，回顾了这种新的情感研究方法的一个重要方面。对福柯来说，“审查是构成个人作为权力的效果和对象的过程的中心”。福柯谈到了“医学凝视”（medical gaze），它使人与自己的身体疏远。福柯引用了全景敞视监狱（Panopticon）——18 世纪的监狱“模型”，这类监狱使每个囚犯在任何时候都受到一个看守的监视——断言“处于被监视视野之下的人，并且他本人对此知情，就会担负起权力约束的义务”。换句话说，主体允许自己被操纵，接受了凝视者所做的评判以及他们要达到的目的。对福柯来说，凝视约束着身体。然而，对于德罗这样的科学家们来说，这项审查却起到了相反的作用：它激活了某些

① Otniel E. Dror, “Creating the Emotional Body: Confusion, Possibilities, and Knowledge,” in *An Emotional History of the United States*, pp. 173–194; Dror, “The Scientific Image of Emotion: Experience and Technologies of Inscription,” *Configurations* 7（1999）: pp. 355–401, at p. 401; 另参见 Dror, “The Affect of Experiment: The Turn to Emotions in Anglo-American Physiology, 1900–1940,” *Isis* 90（1999）: pp. 205–237。

无法控制的情感动力。科学家们测量了这些（情感），甚至认为它们是“瞬间和‘幻影’身体的表现”。具有讽刺意味的是，他们认为“真实的”“正常的”身体，是“去情感化的、麻醉的”身体。①

当德罗研究后维多利亚时代的医生如何把身体情感化，检查血压、皮肤温度、激素系统等以发现情感的本质时，费伊·邦德·阿尔贝蒂（Fay Bound Alberti）研究了更早的时期，这一时期医生们对身体进行了更为全面的理论化。在2006年出版的一本论文集中，她和她的合作者探讨了17世纪和18世纪流行的关于情感的观点，在实验室医学兴起之前，医生认为身体的情感纠缠于“心灵/身体/灵魂的关系”之中。只有这种观点逐渐降级，才有可能使后来的科学重点放在我们今天的“大脑和中枢神经系统”上，并使精神科医生、神经科学家和心理学家成为把情感视为心理现象的从业专家。②邦德·阿尔贝蒂在2010年关于心脏的研究中，进一步探讨了这一主题，心脏长期以来一直被视为情感的所在地和象征。在研究这种心脏观的（精神和文化）起源时，她追溯了其在古典希腊的起始阶段，以及这一起源在加伦（Galen，卒于210年）的著作中被具体化，并在近千年的医学训练中一直坚持下来的情况。心脏处于心灵/身体/灵魂联结的中心，“受灵魂运作的影响”，反过来影响心灵和身体。

66

① 关于医学凝视，参见 Michel Foucault, *The Birth of the Clinic: An Archaeology of Medical Perception*, New York, 1973（orig. publ. in French, 1963）; 关于审查，参见 Foucault, *Discipline and Punish*, p. 192; 有关全景式敞视监狱，参见 *Discipline and Punish*, p. 195; 德罗有关科学家的讨论，特别参见 Dror, “Creating the Emotional Body,” pp. 177–178。

② Fay Bound Alberti, *Medicine, Emotion and Disease, 1700–1950*, Basingstoke, 2006, p. xix.

即使在17世纪，心脏获得的新身份是“仅仅作为一个泵”，医生也没有停止强调它在情感产生中的关键作用，“能够引起身体和心灵的深刻的结构变化”。邦德·阿尔贝蒂考察了“心绞痛”，这是一种在18世纪末新“被发现”的心脏病。今天，美国心脏协会对该疾病有一个简单的机械解释：“当心肌不能获得所需的血液时，就会发生这种情况……（通常）因为一条或多条心脏动脉狭窄或堵塞。”但当心绞痛首次被定义时，它被认为“与结构性疾病一样，是情感困扰的产物”。这就解释了为什么外科医生和解剖学家约翰·亨特（John Hunter）的同事把他在1793年死于心绞痛的原因，归咎于他的“易怒”和身体因素。在亨特的时代，“心脏仍然是情感的器官，身体和心灵是联系在一起的，神经生理学使这一定位成为可能，它通过感性和同情的学说、概念，将每个人的（情感）体验结合在一起”。①

然而，19世纪以降，在科学思想中，大脑取代心脏成为情感的所在地。但矛盾的是，在这个过程中，心脏的“文化制品（cultural artefact）地位（正如邦德·阿尔贝蒂所说的），变得更加情感化：有感受作用的心脏对浪漫事物至关重要，并提供了创造力和神圣性的证据”。邦德·阿尔贝蒂批评了西方现代科学界关于心脏的说法与根深蒂固的文化传统之间的脱节，即使在今天，这些文化传统仍激励我们承认身心的统一性。科学家们在很大程度上未能将这些泵[指心脏]

① 本段落的大部分引用出自 Fay Bound Alberti, *Matters of the Heart: History, Medicine, and Emotion*, Oxford, 2010, pp. 3–5, 58; 美国心脏协会网站，参见：http://www.heart.org/HEARTORG/Conditions/HeartAttack/DiagnosingaHeartAttack/Angina-Pectoris-Stable-Angina_UCM_437515_Article.jsp#。

和情人联系在一起。然而，正如邦德·阿尔贝蒂所指出的，最近医生们开始在他们的探索中加入了一抹"浪漫"。她指出，关于心脏的"细胞记忆"与"神经元和突触"通路的新研究，"与大脑中存在的类似"。自从她这部关于心脏的书出版以来，科学家们最近甚至认为，悲伤和压力会导致心肌病。在最近的一本书中，邦德·阿尔贝蒂探讨了人类 67 生理学的所有因素，从内里脏器到外在皮肤的整个身体，无论现在还是过去，是如何参与到"我们的情感和理性欲望"之中的。[①]

埃琳娜·卡雷拉（Elena Carrera）在考察"1200—1700年间在欧洲流行的医嘱语境中，对情感进行的规定性和描述性讨论"时，也开始研究类似的主题。她希望填补罗森宛恩和雷迪的首批情感史著作留下的时间空白，卡雷拉批评罗森宛恩的"情感团体"过于狭隘，并呼吁采取更广泛、更包容的观点。她的目的是"在广泛的文化话语中，展示关于身心互动，以及作为具体的有目的的复合物的灵魂观念的连续性"。因此，卡雷拉承认各个团体由不断变化的词汇体现其情感的文化特殊性，与此同时，她也强调与长期目标和跨文化价值观——如健康或幸福——相关的情感的持久存续性。这些共同点的持续存在，使卡雷拉坚持认为，情感团体比罗森宛恩预想的空间

① Bound Alberti, *Matters of the Heart*, pp. 8–9; Bound Alberti, *This Mortal Coil: The Human Body in History and Culture*, Oxford, 2016, p. 17; 另参见 Bound Alberti, "Bodies, Hearts, and Minds: Why Emotions Matter to Historians of Science and Medicine," *Isis* 100/4（2009）: pp. 798–810。有关心肌病的讨论，参见 Jun-Won Lee and Byung-il William Choi, "Stress-induced Cardiomyopathy: Mechanism and Clinical Aspects," in *Somatization and Psychosomatic Symptoms*, ed. Kyung Bong Koh, New York, 2013, pp. 191–206。在这篇文章的第199—200页，他们也援引了约翰·亨特的理论，强调了"大脑与心脏之间的密切联系"。

更为广阔，时间更为持久。事实上，卡雷拉建议，最好将它们称为“跨历史的意识形态团体”。[①]

但是，幸福的概念是否像卡雷拉想象得那样持久？虽然今天的幸福与痛苦和折磨是对立的，但情况并非总是如此。当学者们探索痛苦的意义时，特别是在基督教的西方，他们发现痛苦也是美好生活的定义中受欢迎的一个部分。基督教的宗教话语使痛苦和苦难成为可取的，因为它们呼应和模仿了基督的悲伤身体。这一见解的全部含义尚未穷尽。早在 2005 年，雅克·热利（Jacques Gélis）在一本有影响力的三卷本《身体的历史》（*Historie du corps*）中，就提出了这样一个观点：“变成基督的身体，去经历悲伤救世主（Man of Sorrows，指耶稣）遭受过的所有磨难：这是一种最高的愿望。”盖利斯研究的时段，从文艺复兴延续至启蒙运动时期。简·弗兰斯·范·迪克惠岑（Jan Frans van Dijkhuizen）和卡尔·A. E. 恩尼克尔（Karl A. E. Enenkel）的论文集，研究了一个更长的从 1300 年至 1700 年的时段，使这一看法更加有力。用他们的话说，那个时代“见证了一场**神学上的疼痛竞赛**”。虽然新教否认疼痛对人类救赎的用处，但反宗教改革运动“强化了对身体痛苦的重视，这也是中世纪晚期天主教的特点”。[②]

68

① Elena Carrera, ed., *Emotions and Health, 1200–1700*, Leiden, 2013, pp. 1, 5, 9.

② Jacques Gélis, “Le corps, l’ Église et le sacré,” in *Histoire du corps*, ed. Alain Corbin, Jean-Jacques Courtine, and Georges Vigarello, 3 vols, Paris, 2005–2006, 1: p. 54; Jan Frans van Dijkhuizen and Karl A. E. Enenkel, eds, *The Sense of Suffering: Constructions of Physical Pain in Early Modern Culture*, Leiden, 2008, p. 10.（黑体为原文所加。）

在范·迪克惠岑和恩尼克尔的选集出版两年后，埃丝特·科恩（Esther Cohen）的《被调制的尖叫》（*The Modulated Scream*）着眼于中世纪晚期，在那里，各种知识群体（法律思想家、医学专家、神学家）都提出了许多支持疼痛的言论。神秘主义者和忏悔者试图承受痛苦以模仿基督，而中世纪的法官则认为，痛苦和折磨是求取真理的基本工具。医生们非但没有减轻疼痛，反而依靠它来定位疾病的部位与起因。基督教本身把地狱的痛苦理解为上帝计划的一部分。在 14、15 世纪，人们发出痛苦的声音：他们被期望发出尖叫，他们果真这样做了。[①]

达米安·博凯（Damien Boquet）和皮罗斯卡·纳吉最近出版了一本关于整个西方中世纪情感史的书，在这本书中，他们将痛苦——更准确地说，是基督受苦的身体——作为其他方面不断变化的情感景观中的一个稳定因素。从“情感的基督教化”开始，他们的书接着研究了僧侣情感团体，这个团体使让·勒克莱尔（Jean Leclercq）所提出的著名的“对上帝的向往”制度化。僧侣们以正确的方式和正当的目的实践着恰当的情感。作者表示，修道院的实践很快向整个社会开放，创造了“一个基督教式的社会”，随着时间的推移，新兴的宗教团体的价值观和情感不断注入，例如 12 世纪的隐士和德国皇帝周围的教会朝臣。在世俗贵族和王公大臣、城镇居民和专职的祈祷领读人员、神学家和医学专家中间的一种呼唤和回应，为丰富情感提供了可能。在这本书中，情感有时被视为标准，

① Esther Cohen, *The Modulated Scream: Pain in Late Medieval Culture*, Chicago, 2010.

有时被视为情感体制或情感团体的因素，通常也被视为表演。在任何时候，对于博凯和纳吉来说，对基督的痛苦和爱的新解释，塑造了中世纪的情感。①

基督教传统使得痛苦既是物质上的，也是文化上的。这种综合在今天是罕见的，但范·迪克惠岑和恩尼克尔的论文集认为，这在现代早期是相当正常的，甚至脱离了严格意义的基督教传统。例如，迈克尔·舍恩费尔特（Michael Schoenfeldt）认为，“这一时期，斯多葛主义的巨大吸引力很大程度上源于它提供了一种哲学策略，来应对不可避免的身体和情感痛苦的冲击”。疼痛及其解释是相辅相成的。②

69

文化史学家乔安娜·伯克（Joanna Bourke）将这一点视为普遍的公理。正如她所说，“身体从来都不是纯粹的躯体：它被置于社会、认知和隐喻的世界之中”。她通过将疼痛概念化为一种“事件类型”，一种“存在于世界中的方式”，从而找到了绕过身心二元论的方法。这类疼痛事件的含义在历史上不断发生变化。“从出生的那一刻起，婴儿就开始进入痛苦的文化。这些18世纪60年代的婴儿所了解的关于内部身体与外部世界之间的交界的认知、情感和感官意义，与20世纪60年代的同龄人所了解到的非常不同。”他们所了解的往往是具有政治意义的，因为学习是由当权者决定的，无论是家长还是统治者。伯克说，即使是各种痛苦的名称，也暴露了权力行

① Boquet and Nagy, *Sensible Moyen Âge*; Jean Leclercq, *The Love of Learning and the Desire for God: A Study of Monastic Culture*, New York, 1961（orig. publ. in French, 1957）.

② Michael Schoenfeldt, "The Art of Pain Management in Early Modern England," in *Sense of Suffering*, pp. 19–38, at p. 27.

使的存在。例如，今天的“饥饿”比“极度痛苦”的程度轻微得多，它唤起的同情、金钱投入和社会组织更少一些。[①]

哈维尔·莫斯科索（Javier Moscoso）也追踪了过去五个世纪的疼痛体验——生理疼痛及其主观表达——所采取的文化形式。像许多其他与身体有关的方法一样，莫斯科索的方法是渐进式的。他肯定“痛苦是以社会戏剧的形式存在的”，正是通过这种戏剧性，莫斯科索试图以“司空见惯”的形式（如“表演”“模仿”“同情”等），分析痛苦的“主体间性”的存在。他所说的**主体间性**是指我们的体验——过去的和现在的体验，以及它们在感官和情感上的联系——在任何时刻融合在一起的方式。疼痛体验“有文化意义的可能性的增加，取决于它是否可以被模仿或表现出来”。最终，疼痛可能——正如伊莱恩·斯凯丽（Elaine Scarry）在1985年所认为的那样——抵制语言，但它总是欢迎解释模式，这些模式很常见，但仍然“有说服力”。[②]

70

在罗布·博迪斯（Rob Boddice）编辑的一本文集中，疼痛与情感被明确地联系在一起，疼痛就像一种情感表达：当身体对疼痛的体验“被转译为文字、表情和艺术……我们就直观地理解了我们的感受”。正如情感表达改变了一种情感表露状态一样，它也改变了其受众。对于博迪斯来说，痛苦和情感是一回事：两者都是身体感受

---

① Joanna Bourke, *The Story of Pain: From Prayer to Painkillers*, Oxford, 2014, pp. 17, 19; 另参见 Keith Wailoo, *Pain: A Political History*, Baltimore, 2014。

② Javier Moscoso, *Pain: A Cultural History*, trans. Sarah Thomas and Paul House, New York, 2012（orig. publ. in Spanish, 2011）, p. 6, p. 8; Elaine Scarry, *The Body in Pain*, Oxford, 1985.

到的“感觉”，但“被转译”成了言说。斯凯丽有关疼痛无声本质的概念完全消失了，疼痛的领域被扩展了，“从运行着的舞台或诊所到等候室；从诞生到期许到后果……（它包括）悲伤、焦虑、抑郁、歇斯底里、紧张、绝望和其他‘精神疾病’”。博迪斯修改了亚里士多德的痛苦伴随情感的看法，认为是情感伴随痛苦：“没有……其他情感成分（甚至是快乐、喜悦或狂喜），身体上的痛苦就没有意义。”此说不无道理，因而痛苦是每个情感体制的一个组成部分：“谁的痛苦是**切实的**这个问题，是一个事关权力的问题。”事实上，医生应该重新思考他们对疼痛的拷问，因为疼痛的政治作用是“一直存在的，并且总是对某个人不利”。一个很好的例子是“幻觉疼痛”，医生无法解释它，因此即使它会带来疼痛，也被称为“幻觉”。“痛苦规则”，就像“情感规则”一样，会产生情感痛苦——换个说法，疼痛！①

性别化的身体

如果用不同的性器官来定义，那么有界的和自主的身体是有性别的，事实上，最早的性别研究将身体上的差异视为一个不容质疑的给定条件。性别研究是20世纪60年代和70年代妇女运动的产物，在情感史兴起之前就开始了。在第一阶段，它只关注历史上妇女的存在。此前，历史学家要么关注男性及其活动，要么像**年鉴**学派那样关注以男性为主的各种事情背后的社会、经济、政治和

① Rob Boddice, “Introduction: Hurt Feelings?” in *Pain and Emotion in Modern History*, ed. Rob Boddice, Basingstoke, 2014, pp. 1–15, at pp. 3,4–5.

地理结构。最早关注女性的研究是歌颂女艺术家、圣女、王后和诺贝尔奖获得者——“伟大女性”的历史观。之后他们考察了各种人物——纺织工、纺纱工、啤酒酿造工、工厂工人，甚至是无名女性在过去所扮演的角色。这些研究挑战了当前对政治和权力的狭隘定义。①

71

与此同时，心理学家也在通过观察女性来摆脱对男性主体的关注。20世纪70年代，美国心理协会（American Psychological Association）成立了一个关于女性心理的部门。大约在同一时间，该领域的先驱斯蒂芬妮·希尔兹（Stephanie Shields）写了一篇关于“女性心理学在被纳入心理分析理论之前就已经存在”的文章。正如希尔兹所指出的那样，这一心理学是从达尔文模型中衍生出来的。它强调了“性情的生物学基础”，特别是“母性本能”，并将其视为“天生的”。②然而，希尔兹并没有批评1960年以来一直到她自己的时代所做的研究。如果她这样做了，她会发现在1960年至1975年间发表的139篇关于女性和情感的文章中，多达125篇（即89%的篇目）涉及沮丧的情感。此外，这些研究绝大多数涉及“女性”问题，即与生殖有关的问题。堕胎引起焦虑和抑郁；妇科手术导致抑郁、焦

① 关于很有用处的性别史的介绍，参见 Sonya O. Rose, *What is Gender History?* Cambridge, 2010，不过，该书没有讨论情感。有关情感的讨论，参见 Willemijn Ruberg, “Introduction,” in *Sexed Sentiments: Interdisciplinary Perspectives on Gender and Emotion*, ed. Willemijn Ruberg and Kristine Steenbergh, Amsterdam, 2011, pp. 1–20。

② Stephanie A. Shields, “Functionalism, Darwinism, and the Psychology of Women: A Study in Social Myth,” *American Psychologist* 30/7（1975）: pp. 739–754, at p. 739.

虑和性欲丧失；更年期前带来了抑郁、悲伤、痛苦和冷漠等等。[①]

这些是“本质主义”研究，将“女性”和“男性”理解为固定的范畴。20 世纪 70 年代的史学著作也没有直接质疑这一假设。然而，他们感兴趣的不仅仅是探索生殖或其他方面的苦恼，他们对过去的“女性”情感生活与今天不同的可能性的探讨，也持开放态度。因此，当卡罗尔·史密斯·罗森伯格（Carroll Smith Rosenberg）写作 19 世纪美国的女性关系时，她并未将女性之间充满激情的情书和日记解读为“不正常”或“同性恋”，而是作为迎接和重视同性之爱的社会的一部分。她研究的女性与男性结婚生子，彼此分开生活。然而，女性相互之间的爱却没有减弱。“亲爱的，我多么渴望有一天能见到你”，一位女士在给一位心爱的朋友的信中写道，她用的语言如今让我们联想到性爱。史密斯·罗森伯格认为，女性之间相爱的感觉具有重要的社会功能，是对“家庭内部和整个社会内部僵化的性别角色分化”的认可。她指出，“男女之间的情感隔阂”通常会促使女性时时刻刻团结在一起。女性互相帮助、安慰和陪伴。这种亲密关系本可能导致怨恨，导致对依赖或剥夺的反感。相比之下，爱让这种社交方式受到欢迎——事实上，这是人们所渴望的。但看看

72

① Marsha E. Fingerer, “Psychological Sequelae of Abortion: Anxiety and Depression,” *Journal of Community Psychology* 1（1973）: pp. 221–225; M. Steiner and D. R. Aleksandrowicz, “Psychiatric Sequelae to Gynaecological Operations,” *Israel Annals of Psychiatry and Related Disciplines* 8（1970）: pp. 186–192; Eduardo Dallal y Castillo, E. Shapiro Ackerman, A. Fernández Flores, A. M. Pallares Díaz, and J. E. Soberanes Rosales, “Psychologi cal Characteristics of a Group of Premenopausal Women as Outlined through Tests,” *Neurologia, Neurocirugia, Psiquiatria* 16（1975）: pp. 243–253. 这里提供的数据是通过搜索数据库 PsycINFO 获得的。

维多利亚时代的英国，莎伦·马库斯（Sharon Marcus）发现了一些与此类似的证据，表明女性快乐地享受着亲密的友谊、性爱关系以及与其他女性的家庭生活。[①]

同性友谊是（而且仍然是）情感史上一个生动的话题，通常与同性恋问题有关。当约翰·博斯韦尔（John Boswell）发现了他所称的“明显的中世纪异性婚姻仪式的同性对等物”，使男人们结合在一起时，他否认这些仪式是同性恋的证明。相反，他认为“异性恋行为和关系与同性恋行为和关系之间的区别，在最初产生婚姻的社会中，基本上是情况不明的”。C. 斯蒂芬·杰格（C. Stephen Jaeger）认为，在中世纪，男人之间的爱可以用最为色情的语言表达，但与性无关，并且与高尚的美德息息相关。艾伦·布雷（Alan Bray）的同性友谊史，是博斯韦尔论点的延伸，追溯了其在西方基督教的漫长历史中，与亲属关系的纠葛。通过降低核心家庭——母亲、父亲、孩子——的重要性，布雷记录了“通过仪式和承诺形成的其他类型的亲属关系（如婚姻）”。[②]

这样一个论点，不用说，使家庭成为一个社会建构的机构，而不是一个自然的机构。20 世纪 80 年代，随着大卫·格林伯格（David

---

① Carroll Smith-Rosenberg, “The Female World of Love and Ritual: Relations between Women in Nineteenth-Century America,” *Signs* 1/1（1975）: pp. 1–29, at pp. 4, 9; Sharon Marcus, *Between Women: Friendship, Desire, and Marriage in Victorian England*, Princeton, 2007.

② John Boswell, *Same-sex Unions in Premodern Europe*, New York, 1994, pp. x, xxv; C. Stephen Jaeger, *Ennobling Love: In Search of a Lost Sensibility*（Pennsylvania, 1999）; Alan Bray, *The Friend*, Chicago, 2003, p. 4. Claudia Rapp, *Brother-Making in Late Antiquity and Byzantium: Monks, Laymen, and Christian Ritual* , Oxford, 2016. 为博斯韦尔和布雷记录的结婚仪式的起源提供了一种拜占庭修道院的背景。这些仪式是为了祝福一对即将回归半归隐式生活的夫妇。

Greenberg）的《同性恋的建构》（*The Construction of Homosexuality*）、琼·斯科特（Joan Scott）关于“性别作为分析范畴”的文章以及朱迪思·巴特勒（Judith Butler）的《性别麻烦》（*Gender Trouble*）的出现，性别本身是一种社会建构的观点变得流行起来。这一想法也不仅仅是历史学家的专利。社会心理医生阿涅塔·菲舍尔（Agneta Fischer）驳斥了“对女性情感的刻板看法”。在2000年发表的一篇文章中，斯蒂芬妮·希尔兹指出，“情感……已经从根本上被视为一个社会过程……在我自己的著作中，我研究情感价值观和语言如何对女性气质和男性气质的概念至关重要，以及对性别编码行为的获得及实践至关重要”。在佩内洛普·古克（Penelope Gouk）和海伦·希尔斯（Helen Hills）于2005年合编的一本论文集中，两位主编提出的问题是：“谁的身体与情感及其调节和控制息息相关？”他们的答案是白人的、精英男性的身体。像妮可·尤斯塔斯一样，他们谈到了情感在造成和维持社会差异中的重要作用。“由于各种原因，女性和非白人这些较低的社会阶层（被视为）更难控制自己的情感。”在这里，关于不同性别的情感的假设，支持了阶级和社会地位的假设。[①]

73

① David F. Greenberg, *The Construction of Homosexuality*, Chicago, 1988; Joan W. Scott, “Gender: A Useful Category of Historical Analysis,” *American Historical Review* 91/5（1986）: pp. 1053–1075; Butler, *Gender Trouble*. Agneta H. Fischer, “Sex Differences in Emotionality: Fact or Stereotype?” *Feminism and Psychology* 3（1993）: pp. 303–318 认为，女性更具“情感性”的说法是在转移视线；Stephanie A. Shields, “Thinking about Gender, Thinking about Theory: Gender and Emotional Experience,” in *Gender and Emotion: Social Psycho- logical Perspectives*, ed., Agneta H. Fischer, New York, 2000: pp. 3–23, at pp. 6–7; Penelope Gouk and Helen Hills, eds, *Representing Emotions: New Connections in the History of Art, Music, and Medicine*, Aldershot, 2005, p. 22.

历史学家卡罗琳·拜纳姆反对那种宣称二元论为西方传统核心的历史，即“轻视身体”和“将身体与自然和女性联系起来”，她指出，西方有若干相互冲突的传统，其中许多不符合这种刻板印象。克莉丝汀·巴特斯比（Christine Battersby）举了启蒙哲学家大卫·休谟（David Hume，卒于1776年）的例子：休谟没有将理性与情感分开来，把前者与男性联系在一起，后者与女性联系起来。相反，休谟认为某些激情对“理性”的男人来说是绝对必要的。[①]事实上，最近有关男性气质的著作，直接与现代刻板印象相矛盾。格尔德·阿尔特霍夫提请人们注意希尔德斯海姆主教在公共场合的眼泪，皮罗斯卡·纳吉发现，在西方中世纪的大部分时间里，哭泣被理解为一种净化道德的美德行为，通常被认为是上帝的恩赐。露丝·马佐·卡拉斯（Ruth Mazo Karras）展示了骑士模式如何把哭泣的骑士囊括进来。即使在17世纪，当新的、更为斯多葛主义的自我控制观念盛行时，某些伽利略式的医学理论著作也认为，眼泪是一种健康的“泻药”，一些精英圈子将其培养为一种优雅的标志。但总的来说，正如伯纳德·卡普（Bernard Capp）所表明的那样，（最起码）在17世纪的英国，“男性的眼泪代表着令人尴尬的自控能力的丧失”。然而，到了18世纪，感性文化使高亢的情感再次占据了中心舞台，而“有感受力的男人”是关键角色——至少直到女性也开始向其致敬。一个世纪后，在第一次世界大战期间，由于一些士兵

① Bynum, “Why All the Fuss about the Body?” esp. pp. 6–8, 16–18; Christine Battersby, “The Man of Passion: Emotion, Philosophy, and Sexual Difference,” in *Representing Emotions*, pp. 139–153.

毫不犹豫地表达自己的感受，一种更具情感色彩的男性气质似乎可能再次出现。但在两次世界大战之间的时期，随着威权意识形态的盛行，有情感的男性的理想逐渐消失。[①]

74

当理性的男人和感性的女人的二分法大行其道的时候，它是如何运作的？苏珊·布鲁姆霍尔（Susan Broomhall）编辑的一系列文章，“将情感构建为特定的情感状态，并将性别意识形态的强化视为权力的产物”。是否“情感的结构的形成”，总是与强加的性别意识形态联系在一起？布鲁姆霍尔在句子中使用的同位语逗号表明，确实如此。如果是这样，布鲁姆霍尔正在建立一种社会学者一直保持远离的联系。事实上，社会学家道格拉斯·施洛克（Douglas Schrock）和布赖恩·诺普（Brian Knop）希望克服这种分离，他们在 2014 年指出，“虽然现在有更多的研究同时涉及性别和情感，但自 2000 年以来，它们仍然只占已发表的关于性别或情感的文章的

① Piroska Nagy, *Le don des larmes au Moyen Âge. Un instrument spirituel enquête d'institution*（*V*[⑤]*–XIII*[⑤] *siècle*）, Paris, 2000; Ruth Mazo Karras, *From Boys to Men: Formations of Masculinity in Late Medieval Europe*, Philadelphia, 2003, p. 65; Bernard Capp, “‘Jesus Wept’ But Did the Englishman? Masculinity and Emotion in Early Modern England,” *Past and Present* 224（2014）: pp. 75–108, at p. 76; 关于“有感受力的男人”，见 Julie Ellison, *Cato's Tears and the Making of Anglo-American Emotion*, Chicago, 1999 以 及 G. J. Barker-Benfield, *The Culture of Sensibility: Sex and Society in Eighteenth-Century Britain*, Chicago, 1992, 另外参见有关 19 世纪战场的研究 Holly Furneaux, *Military Men of Feeling: Emotion, Touch, and Masculinity in the Crimean War*, Oxford, 2016; 关于一战中的情感表达，参见 Michael Roper, *The Secret Battle: Emotional Survival in the Great War*, Manchester, 2010; Joanna Bourke, *Dismembering the Male: Men's Bodies, Britain, and the Great War*, Chicago, 1996; 关于法西斯分子，参见 Sandro Bellassai, “The Masculine Mystique: Anti-modernism and Virility in Fascist Italy,” *Journal of Modern Italian Studies* 10/3（2005）: pp. 314–335; Gigliola Gori, “Model of Masculinity: Mussolini, the ‘New Italian’ of the Fascist Era,” *The International Journal of the History of Sport* 16/4（1999）: pp. 27–61。

3%”。他们将性别称为“一种形式的不平等”，他们采用了三种创造和维持性别的方式：通过社会化、亲密关系和组织。不平等始于童年早期的社会化，当时，年轻人学会了使用和要求强化男性或女性身份的情感。羞耻感等情感，被用来引导男孩们远离试穿裙子的行为。愤怒等情感被认为是男孩的特征，而恐惧是女孩的特征。这些都是“性别化的感受规则”，它们就像女孩的粉红色卧室、男孩的蓝色卧室的社会化过程一样重要。在家庭成员之间的亲密关系中，女性被视为主要的情感协调者：她们最终完成了大部分的“情感工作”。在组织层面，不同性别的情感假设，支持将女性和男性分至不同类型的工作。最后，种族和阶级使所有这些问题复杂化。[①]

截至目前，有许多关于儿童社会化的历史研究，包括男孩和女孩，其中一些研究侧重于情感。在苏珊·布鲁姆霍尔及其同事的笔下，情感不仅有助于建构性别，而且为大权在握的团体维护其权威提供了一种途径。例如，布鲁姆霍尔的作者之一斯蒂芬妮·塔宾（Stephanie Tarbin）发现，现代早期英国的男孩和女孩都被期望害怕父母和其他权威人物。但男孩的恐惧感稍有减弱，以防扼杀他们的“精神”，女孩则被完全制服。她发现法庭记录表明，女孩比男孩更容易遭受可怕的经历，例如强迫的婚姻和性侵犯。然而，同一本论文集中的另一位作者安妮玛丽柯·威伦森（Annemarieke Willemsen）发现，在荷兰和邻近地区的中世纪晚期和现代早期学校里，男孩和

75

① Douglas Schrock and Brian Knop, “Gender and Emotions,” in *Handbook of the Sociology of Emotions*, ed. Jan E. Stets and Jonathan H. Turner, 2 vols（Dordrecht, 2014）, 2: pp. 411–428, at p. 412.

女孩同时接受教育。虽然男孩通常继续接受高等教育，但男女儿童都上小学。在那里，尽管被分到不同的教室，男孩和女孩都遵循几乎相同的日常规定，当做出不当行为时，会受到相似的惩罚。女生的课程，“与男生在普通科目上的课程相重叠”。主要区别在于，女生还学习了针线活和记账，并被教授“女性的”美德和行为。因此，做出全面性的概括是不可能的。①

在亲密关系方面，许多历史学家接受了劳伦斯·斯通（Laurence Stone）将早期现代家庭描述为无爱甚至“不友好”所带来的挑战。根据斯通的说法，贵族和士绅家庭有组织地把财产传给长子。但是，尚不清楚这是否涉及**性别化的**情感。在社会等级的底层，男女儿童“被忽视、残酷对待，甚至被杀害；成年人相互猜疑和敌视”。历史学家努力驳斥斯通，揭示早期现代家庭中的亲情，少数人也研究了性别化的情感。例如，埃姆林·艾森纳赫（Emlyn Eisenach）对这一时期的维罗内塞家庭的研究表明，在某些情况下，父亲和女儿有着基于感情的牢固联系，而在另一些情况下，“配偶之间的感情概

---

① Stephanie Tarbin, “Raising Girls and Boys: Fear, Awe, and Dread in the Early Modern Household,” in *Authority, Gender and Emotions in Late Medieval and Early Modern England*, ed. Susan Broomhall , London, 2015, pp. 106–130; Annemarieke Willemsen, “ ‘That the boys come to school half an hour before the girls’: Order, Gender, and Emotion in School, 1300–1600,” in *Gender and Emotions in Medieval and Early Modern Europe: Destroying Order, Structuring Disorder*, ed. Susan Broomhall, Farnham, 2015, pp. 175–196; Merridee L. Bailey, *Socializing the Child in Late Medieval England, c. 1400–1600*, York, 2012. 另见 Claudia Jarzebowski and Thomas Max Safley, *Childhood and Emotion across Cultures, 1450–1800* , London, 2014 and Frevert, Eitler, Olsen, et al., *Learning How to Feel*。

念变得更为突出”。[①]

施洛克和诺普的研究议题，从亲密关系转移到“组织”，换句话说，转移到家庭之外的机构。这些组织无疑在历史上塑造了性别角色。方济各会有男性也有女性，但男性在城市的街道上游荡，传教并化缘维持生计，女性则被禁锢在修道院的墙后，并受到一套不同规则的约束。他们的情感是否也会有所不同？他们确实不同吗？皮罗斯卡·纳吉和达米安·博凯在这类问题上进行了前沿研究。当谈到“被神秘情感征服”时，他们认为，一种通常与虔诚女性相关的情感——公开、响亮、富有表现力——实际上也被男性所接受和实践。女人们不停地哭泣，除了祝圣饼、酒之外什么也不吃，在教堂里表现出狂喜状态。隐士里米尼的克莱尔（Clare of Rimini）雇了两名士兵鞭打她们，模仿基督受到的鞭打。然而，这些充满情感的感性和行为并不是“边缘化的，也不是女性特有的私事”。随着新出现的教会对基督的化身——基督的人的身体——的强调，这些情感和行为逐渐广为流行起来。博凯和纳吉说，我们在鞭笞者（男性和女性）身上，在圣方济各教徒实践和感受到的屈辱和持续的喜悦中，在像亨利·苏索（Henry Suso）这样的人的情感禁欲主义中，看到了这种感性。亨利·苏索把基督的首字母刻在他的胸膛上，就在心脏上方。然而，男性的角色不同，在某种程度上，他们的情感也不同。男性是书写女性生活的人，他们既是女性的榜样，又控制着如何解

76

① Lawrence Stone, *The Family, Sex, and Marriage in England, 1500–1800*, New York, 1977, pp. 93, 99; Emlyn Eisenach, *Husbands, Wives, and Concubines: Marriage, Family, and Social Order in Sixteenth-Century Verona*, Kirksville, 2004, p. 79.

读女性的生活。[1]

然而，这种控制并不是事情的全部，因为正如今天一样，性别有时是自我发现的载体。跨性别者、多性别者和无性别者主张新的身份，并在他们之中创建新的团体，这些团体通过反抗和（如果可能的话）逃避权力，对权力做出回应，即对霸权规范做出回应。他们打破了迄今为止一直被性别史家占有的“男性”和“女性”范畴。虽然历史学家称性别是一种表演，从而将其从生物体中解放出来，但他们从来都倾向于研究两种性别，无论其性取向如何。现在他们需要考虑其他性别或者根本没有性别的可能性。心理学家已经在提问，非女性 / 非男性的情感生活，是如何（并将继续）被建构的，他们正在关注无性别身份认同所涉及的具体情感。例如，道格拉斯·施洛克和他的同事们，探讨了当今支持跨性别的团体所表达和渴望的情感。斯蒂芬妮·贝奇（Stephanie Budge）和她的同事研究了变性男性（出生时有女性生殖器但自称为男性的人）的积极情感论题，包括惊讶、自豪和幸福。他们得出结论，积极的人际互动鼓励积极情感，这暗示着性别建构需要治疗师和他者的情感肯定。[2]

77

从历史上看，性别转变和身份认同有着不同的形式，这是许多历史学家已经认识到的事实。卡罗琳·拜纳姆的开创性文章《作为

① Boquet and Nagy, *Sensible Moyen Âge*, p. 259.

② Douglas Schrock, Daphne Holden, and Lori Reid, “Creating Emotional Resonance: Interpersonal Emotion Work and Motivational Framing in a Transgender Community,” *Social Problems* 51/1（2004）: pp. 61–81; Stephanie L. Budge, Joe J. Orovecz, and Jayden L. Thai, “Trans Men’s Positive Emotions: The Interaction of Gender Identity and Emotion Labels,” *The Counseling Psychologist* 43/3（2015）: pp. 404–434.

母亲的耶稣》(*Jesus as Mother*)为后来的许多研究指明了方向。她注意到12世纪广泛存在的耶稣和上帝作为女性的形象，并探索了新的“强调乳房和养育、子宫、怀孕以及配偶的结合”的意义。像圣伯纳德(Saint Bernard)这样的男人称自己为母亲，他在给修道院院长里蒂的鲍德温(Baldwin of Rieti)的信中写道：“像母亲爱她唯一的儿子一样，我如此爱你。”虽然拜纳姆没有明确表示，伯纳德在写这篇文章时有一种模糊的性别观念(她在这个想法流行之前就写了)，但她的研究暗示了与此类似的结论。最近，凯瑟琳·林罗斯声称，宫廷中的宦官意味着“拜占庭社会没有与僵化的两极性别结构结合在一起”。宦官在8—12世纪享有相当大的威望，但在此之前和之后(当他们在很大程度上受到鄙视时)，他们被归类为“第三性”。这与第三性并不完全相同，而是指一种不自然的存在——有时被认为是缺陷，有时被视为类似于天使。①

这项研究很少考虑情感，但梅根·麦克劳林(Megan McLaughlin)在讨论11世纪和12世纪天主教改革时期的教会隐喻时，做到了这一点。当时，教会被性别化为女性(这是传统观点的，以及拉丁语“教会”(ecclesia)在语法上的性的自然产物)，承担了特别的情感责

① Caroline Walker Bynum, “Jesus as Mother and Abbot as Mother: Some Themes in Twelfth-Century Cistercian Writing,” *Harvard Theological Review* 70 (1977): pp. 257–284, at p. 262; Kathryn M. Ringrose, *The Perfect Servant: Eunuchs and the Social Construction of Gender in Byzantium*, Chicago, 2007, p. 31; 参见 Mathew Kuefler, *The Manly Eunuch: Masculinity, Gender Ambiguity, and Christian Ideology in Late Antiquity*, Chicago, 2001。关于现代宦官及其性别认同，参见 Richard J. Wassersug, Emma McKenna, and Tucker Lieberman, “Eunuch as a Gender Identity after Castration,” *Journal of Gender Studies* 21/3 (2012): pp. 253–270。

任。“她”（即教会）是一个脆弱的女人，形象不一，有时老态龙钟、长满皱纹，有时年轻美丽，但在任何一种情况下，都依赖神职人员的保护和帮助。她也是他们的“母亲”，神职人员希望她能爱和照顾他们，而他们反过来报之以爱和感激。但由于这些角色反映了普遍性的“社会现实”，神职人员的角色受到了血缘亲子的角色的影响而发生改变，血缘亲子在很大程度上是独立于母亲的。这意味着，在家庭和宗教生活中，“母亲和孩子之间的纽带既可能带来荣誉也可能造成痛苦”。[①] 78

被实践的身体

性别有可能是社会和生物两方面同时建构起来的，虽然性别研究接受这个说法有一个过程，但对身体实践的研究，从一开始就考虑到了文化。根据情感的表演观点，它强调了**物理的身体**本身在表演中的作用。早在 1989 年，法国文化理论家米歇尔·费厄（Michel Feher）就在有关身体史的一本论文汇编的引言中指出，情感“内在于产生情感的仪式中”。他将吟游诗人对女性表达的“爱”视为由“内”（指感受）到“外”（指示意动作）的转译，他断言：“倒不是说爱的传递是人为的；但它们也并非存在于特定的环境之外，也就是说，它们是动作和姿势的一种风格化的展现。”[②]

---

① Megan McLaughlin, *Sex, Gender, and Episcopal Authority in an Age of Reform, 1000–1122*, Cambridge, 2010, p. 121.

② Michel Feher, “Introduction,” in *Fragments for a History of the Human Body*, ed. Michel Feher, with Ramona Naddaff and Nadia Tazi, 3 vols, New York, 1989, 1: p. 14; René Nelli, “Love’s Rewards,” in *Fragments for a History*, 2: pp. 219–235.

莫妮克·舍尔（Monique Scheer）最近系统地阐述了这一点，并借鉴布尔迪厄的实践理论，认为情感首先是**身体的实践**。把“做”和“说”放在一起，舍尔强调了每种情感中涉及的身体行为。与雷迪的情感表达相比，这一理论走向的重要性显而易见。对于雷迪来说，正如我们已经看到的，情感是“思考素材的激活”，情感表达是“对激活的情感思考素材具有探索性和自我改变作用”的言语行为。因此，雷迪的重点是思考素材。相比之下，舍尔强调的是动作和言说，它们使用舌头、嘴巴和肌肉，并影响到自己和他人的身体。事实上，情感涉及“感知声音、气味和空间”。它们不是每次我们感觉到某样东西时新产生出来的，而是与习惯和记忆交织在一起的，而这些习惯和记忆反过来又与我们的身体动作和感官联系在一起。每一种情感“都必须包括身体及其功能……作为由习惯性的实践深刻塑造的先天的和习得的能力的场所”。自然，情感史家受到其原始史料的限制，而这意味着搜集起来更加困难，不仅要找到书面文本（这些将始终是至关重要的），还要找到“图像、文学、乐谱、电影或家居用品”。在舍尔看来，文字充其量只是活生生的情感的风干了的化石。她希望历史学家“更加认真地思考人们正在**做**什么，并找出这些所作所为的特定情境（situatedness）”。[①]

79

舍尔研究方法的一个例子，是她对卫理公会教徒的宗教实践的讨论，这些教徒追随一个德国的肉铺老板和葡萄酒商克里斯托

---

① Monique Scheer, “Are Emotions a Kind of Practice (and Is That What Makes Them Have a History)? A Bourdieuian Approach to Understanding Emotion,” *History and Theory* 51 (2012): pp. 193–220, at p. 209, 217–218, 220.

夫·戈特洛布·米勒（Christoph Gottlob Müller，卒于1858年）。此人在英国待了一段时间后，变成一名卫理公会教徒，他接受了他们的身体实践——不停地唱歌、坐、站和跪。这些，连同他们情感色彩浓厚的说教，意味着一种特别强烈的情感承诺。当米勒回到德国时，他将这种崇拜方式介绍给那些已经掌握了一些此种“身体知识”的人，因为这是由当地的虔诚主义形成的。但是卫理公会教徒有着超越虔诚主义的虔诚实践形式——在教堂聚集时，忏悔者哭泣、叹息、呻吟、扑倒在地上——米勒努力使这些动作成为习惯（见插图5）。身体不仅表达了情感，而且创造和强化情感。[①] 舍尔的“多媒介”方法，由她在马克斯·普朗克研究所（Max Planck Institute）的同事玛格丽特·佩诺（Margrit Pernau）和伊姆克·拉贾马尼（Imke Rajamani）进一步发展。例如，他们探讨了“雨中之爱”的情感信息，这是宝莱坞电影《爱无国界》（*Veer Zaara*）的最后一幕：

> （电影）戏剧性地结束了，两个主角在分开了大半辈子后再次相遇，彼此为对方牺牲了自己的未来和现在。他们最终在一次邂逅中走到了一起，以一组歌曲为背景，其中的音乐示意和图像组合，表明了他们情感的强烈程度。但是，主人公并没有

---

① 参见 Pascal Eitler and Monique Scheer, “Emotionengeshichte als Körpergeschichte: Eine heuristische Perspektive auf religiöse Konversionen im 19. und 20. Jahrhundert,” *Geschichte und Gesellschaft* 35（2009）: pp. 282–313; Scheer, “Feeling Faith: The Cultural Practice of Religious Emotions in Nineteenth-Century German Methodism,” in *Out of the Tower; Essays on Culture and Everyday Life*, ed. Monique Scheer, Thomas Thiemeyer, Reinhard Johler, and Bernhard Tschofer, trans. Michael Robertson, Tübingen, 2013, pp. 217–247。

插图5 卫理公会的营地聚会（约1829年）

传教士对着天空做手势。有的男人和（更明显的是）女人举起双手，呻吟、喊叫、跪拜，有的人晕倒。狗用鼻子互相闻着，相互抚弄；有的男人和女人在聊着什么；号手吹响号角。背景中的帐篷显示，19世纪早期卫理公会营地聚会的参与者会待上好几天。他们在“实践”自己的情感。

说出哪怕一个可能说明如何解读这个场景所描绘的情感的词。

研究者怎么知道这些感受是什么？“对于一部只关注语言的概念史来说，这一场景可能会消失。”但是，听听忧郁的音乐，以及印地语歌曲的歌词，看看这对恋人幸福、含泪的脸庞的特写镜头，最重要的是，考虑到重聚发生时这场雨的象征意义：“季风（是）性爱的季节，暴雨（是）渴望和实现的标志。”在佩诺和拉贾马尼的叙述中，观众的身体通过“多感官体验”感受到电影中的情感。这一想法借鉴了当前的电影理论，假设两个相互作用的身体——电影的身体和观众的身体——有时甚至更进一步，以强调视觉的“触觉”性质，用乔·拉班伊（Jo Labanyi）的话来说，“观众在身体上抛弃了自己，沉浸在屏幕上的图像流之中”。[①]

80

并非所有关于情感实践的讨论都借鉴了舍尔（的理论）。例如，历史学家甚至在谈及身体之前，就对笑很感兴趣。对于心理学家来说，笑是一种跨文化甚至跨物种的普遍现象。达尔文说这是一种特殊的快乐表达方式，并用插图 1 中的照片加以说明。弗洛伊德把笑与潜意识冲动联系起来。继达尔文之后，埃克曼认为笑容是幸福的能指（signifier）。因此，情感历史学家自然也会谈论笑，尽管在第二

① Margrit Pernau and Imke Rajamani, “Emotional Translations: Conceptual History beyond Language,” *History and Theory* 55（2016）: pp. 46–65, at p. 64. 有关电影理论中的身体，参见 Christiane Voss, “Film Experience and the Formation of Illusion: The Spectator as ‘Surrogate Body’ for the Cinema,” trans. Inga Pollmann, SCMS Translation Committee, intro. Vinzenz Hediger, *Cinema Journal* 50/4（2011）: pp. 136–150; Jo Labanyi, “Doing Things: Emotion, Affect, and Materiality,” *Journal of Spanish Cultural Studies* 11/3–4（2010）: pp. 223–233, at p. 230。

章中考察的最初几个研究方法中，笑的研究相当少；罗森宛恩只是把它作为一种“情感标记”——一种身体感受的标志，而阿尔特霍夫的重点是悲伤和愤怒的信号，而不是与笑有关的情感。

然而，古典主义者一直对雄辩术的示意动作感兴趣，这些示意动作在一定程度上是为了激发听众的情感。因此，毫不奇怪，研究希腊的斯蒂芬·哈利维尔（Stephen Halliwell）教授写下了笑的历史的首批主要研究著作之一，他想“通过对（古希腊）文化形式和价值观的更广泛调查”来理解笑。尽管哈利维尔承认，笑是“一种本能的举动”，但他把笑理解为“产生具有复杂社会影响的表达规程和习惯”。这些规程和习惯是他书中的主题，它们确实很复杂，因为希腊世界欣赏许多不同种类的笑，把它们一方面与不道德（柏拉图），另一方面与不朽（众神的笑声）联系在一起。介于两者之间的是，笑在友谊和敌意、赞扬和嘲笑、羞耻和荣誉以及许多其他社会场合中的多种用途。也不是所有的笑都是身体方面的：当时和现在一样，你可以“笑一个人”而不必真的发笑，当诗人说天气“微笑”时，81 笑就成了温和与魅力的隐喻。但并非总是如此，因为笑的许多意义随着时间的推移而改变。事实上，最近玛丽·比尔德（Mary Beard）开始提出，在古罗马“笑是一种变化和适应的文化形式”。①

研究中世纪的学者也发现了类似的多样性和变化。早在 1999

① Stephen Halliwell, *Greek Laughter: A Study of Cultural Psychology from Homer to Early Christianity*（Cambridge, 2008）, pp. viii–ix; Mary Beard, *Laughter in Ancient Rome: On Joking, Tickling, and Cracking Up*, Berkeley, 2014, p. x. 关于示意动作的研究，可参见 Gregory S. Aldrete, *Gestures and Acclamations in Ancient Rome*, Baltimore, 1999。

年，雅克·勒高夫（Jacques Le Goff）就在13页的指南性论文中，显示笑的各种用法和对笑的态度，这一点在阿尔布雷希特·克拉森（Albrecht Classen）编辑的一本不朽的论文集中再次被提出。虽然古希腊语中有区分微笑和笑的单词，但拉丁语长期以来只有一个词risus来指这两个意思。直到12世纪，才出现了一个新的词指微笑：subrisus，字面意思是“抑制的笑”或“浅笑”。

在18世纪，微笑开始有了独立的发展。科林·琼斯（Colin Jones）谈到了“微笑革命”，并将其与法国大革命联系起来。这是新的“情感主义”的一部分，对雷迪理解反抗旧制度的情感基础，起到了十分重要的作用。巴黎人的新的微笑，也得益于革新后的牙科护理方式，这种方式旨在保护而不是把牙齿拔掉；不断变化的有关美、个性和身份的概念也激发了这一点。然而，微笑在18世纪的新地位并没有延伸到笑，笑的含义要模糊得多。“笑的方式、笑的强度，以及这种人类行为的原因，是把上层阶级从普通人的社会中区分出来的必要标准。”事实上，尽管在今天，张嘴微笑被认为是幸福的标志和愉快友善的社会信号，但琼斯的三卷本情感史论文集，在第一卷结语中明确指出，张嘴微笑是一种晚近的“习惯做法”，是粗俗幽默的拉伯雷式笑声和列奥纳多（达·芬奇）的《蒙娜丽莎》中端庄上翘的嘴唇的混合体。[①]

---

① 关于中世纪的笑以及微笑的出现，参见Jacques Le Goff, “Laughter in the Middle Ages,” in *A Cultural History of Humour: From Antiquity to the Present Day*, ed. Jan Bremmer and Herman Roodenburg（Cambridge, 2005）, pp. 40–53; 关于中世纪和早期现代笑的不同含义，参见Albrecht Classen, ed., *Laughter in the Middle Ages and Early Modern Times: Epistemology*（转下页）

渗透的、融合的身体

埃拉·惠勒·威尔科克斯（Ella Wheeler Wilcox）写道："笑吧，全世界都和你一起笑。"[①] 情感具有传染性。它们涌入这个世界——进入事物和事物之间的空隙。最新的情感研究方法将我们带离了有界的身体，走向一个不同的概念。根据这一概念，身体与身体之外的东西融合在一起。情感历史学家越来越感兴趣的是，"有界"的身体实际上是不受约束的。他们从四个方面研究这一现象：作为渗透到这个世界的情动；作为定义空间并被空间定义的身体；作为铭刻物质并被物质铭刻的身体；最后，作为在我们所称的心理空间内把空间与物质两者结合起来的身体。

82

情动的身体

对于西尔万·汤姆金斯（见第一章）来说，情动是"首要的先天生物激励机制"。今天，情动理论家强调情动的、充满活力的身体与其他身体、事物和空间相交的方式。情动很可能从生理学的身体开始，但最终会倾泻到（外部）世界。

（接上页）*of a Fundamental Human Behavior, its Meaning, and Consequences*（Berlin, 2010）；关于古希腊语和拉丁语词语研究，参见 Beard, *Laughter in Ancient Rome*, pp. 73–76; 关于"微笑革命"，参见 Colin Jones, *The Smile Revolution in Eighteenth Century Paris*, Oxford, 2014; 有关同一时期的笑，参见 Stéphanie Fournier, *Rire au théâtre à Paris à la fin du XVIII*[⑤] *siècle*, Paris, 2016, p. 353; 关于微笑与笑的关系，参见 Colin Jones, "Le sourire," in *Histoire des* Émotions, ed. Alain Corbin, Jean-Jacques Courtine, and Georges Vigarello, vol. 1: *De l'Antiquité aux Lumières*, ed. Georges Vigarello, Paris, 2016, pp. 446–459。

① 参见网址：https://www.poetryfoundation.org/poems-and-poets/poems/ detail/45937。

虽然许多心理学家对情动理论的兴趣相当有限，但它已被文学、文化研究、传播学和哲学领域的学者广泛接受。由于历史学家对它越来越感兴趣，我们需要探索它的主要原则。事实上，国际文化史学会（International Society for Cultural History）将“情动转向”定为其 2017 年年会的大会主题。虽然这一理论有很多方面，但最重要的可能是它如何重新考虑身体。

情动的身体是“有感染力的”，是开放的和无限的。它不断地与周围的事物、人、声音和气味分享自己，并反过来吸收它们。它与这个世界息息相关，以至于我们与其他一切之间的界限都被抹去了。是的，我们有一个生物体；但是没有它的周围环境，这个生物体什么都不是，周围环境塑造了它，就像它反过来塑造周围环境一样。主体性在很大程度上是一种社会建构：我们之所以是我们，是因为我们的经验和习惯；当我们继续与其他同样渗透的身体保持关系时，这些都会改变，因此我们也会改变。根据萨拉·艾哈迈德（Sara Ahmed）的说法，“身体正是以与物体和他者接触的形式出现的”。布鲁斯·史密斯（Bruce Smith）用“花瓶呈现的视觉谜题，也可以被解读为两张脸的轮廓”的类比，来解释这一点：身体只有通过其周围环境才能被认识，而周围环境只有通过我们的身体才有意义并成形。事实上，我们触摸的任何东西都具有同样的双重性质，因为我们触摸的东西定义了事物，正如事物显示了我们正在触摸什么一样。史密斯甚至认为，文本显示了我们的“轮廓”，就像它们反过来塑造了我们一样。想想看，我们是如何通过阅读一首诗而“改变”的，不管喜欢与否，我们从中读到了

83

自己。[①]

在现代情动理论的导言的开篇，主编格雷戈里·塞格沃思（Gregory Seigworth）和梅丽莎·格雷格（Melissa Gregg）对这一术语进行了定义："情动……是我们给那些……坚持超越情感的生命力取的名字……情动是身体毫不间断地沉浸在世界的韧劲和节奏之中的持久证明，情动本身也是世界的韧劲和节奏之一。"剖析了这一点，我们就可以说，对于这两位理论家来说，情动"坚持"的方式与情感不同。情动比情感更强烈：它们"使人深深感动"（stun）。这就是为什么心理学家斯坦（Stein）、埃尔南德斯（Hernandez）和特拉巴索（Trabasso）可以说出，"情动反应和情感反应之间，几乎总是会出现停顿"。事实上，情动可能会抑制"任何思考和计划的实现"——也就是说，它们可能会抑制情感本身。哲学家和情动理论家布赖恩·马苏米（Brian Massumi）强调情动的力量：

> （其）强度体现在纯粹的自主反应之中，这种反应最为直接地在皮肤上表现出来。（它）是一种无意识的、从未上升到意识的自主性的残留。这是外界的期望和对外界的适应……从叙事上讲，它是去局部的，扩散到整个身体的表面，就像来自功能意义上的交叉环路中的侧向反冲洗（lateral backwash）功能，在

① Sara Ahmed, *The Cultural Politics of Emotion*, 2nd ed., New York, 2015, p. 1; Bruce R. Smith, *Phenomenal Shakespeare*, Chichester, 2009, p. xviii.

头部和心脏之间的垂直路径上穿行。

根据这一观点，虽然“功能意义上的环路”（例如情感和我们用来描述它们的文字）是从心脏到头部的直线，但情动是它们无方向、非局部的“反冲洗”。[1]

塞格沃思和格雷格的定义，延续着“情动的总是无所不在的可以进一步扩展的能力：可以进入也可以走出无机物和非生物的间隙”这样的观点。在这里，他们强调情动进入空间和地点的方式，这些空间和地点不一定是有生命的，但却被我们自己的主观性赋予了生命。当我们走进一个房间时，我们会感觉到它的氛围，通过气味、声音、触觉、味道以及视觉进行交流。我们感受到了它的基调，反过来我们也促成了这个基调。“无机物和非生物”本身，成为情动的众多身体。

84

情动理论最适用于当代世界，在当代世界有无数种一手的可用史料，但它也可能适用于更遥远的过去的材料。例如，布鲁斯·史密斯对莎士比亚十四行诗第 29 首的处理：“当，失宠于财富又丢人现眼时”。史密斯想恢复这首诗的“感受体验”：莎士比亚写这首诗时的体验，肯定是莎士比亚的同时代人在读这首诗时的体验。并且，最终（因为考虑到情动的本质，我们无法将自己与正在阅读的内容分

① Gregory J. Seigworth and Melissa Gregg, “An Inventory of Shimmers,” in *The Affect Theory Reader*, Durham, 2010, pp. 1–2; Stein, Hernandez, and Trabasso, “Advances in Modeling Emotion and Thought,” pp. 578–579; Brian Massumi, “The Autonomy of Affect,” *Cultural Critique* 31, *The Politics of Systems and Environments* pt. 2（1995）: pp. 83–109, at p. 85.

离），我们在理解这首诗的同时，也无法将自己的体验与之分离。

为了模仿莎士比亚写这首十四行诗的感受，以及作为一个由远远不止文字组成的情动身体，来充分欣赏这首十四行诗，史密斯要求他的读者手工抄写这首诗。这将使它成为“他们的”，在某种程度上仅仅阅读是不行的。史密斯坚持认为，书是我们与之互动的实体对象。它是“我拿在手里的东西，用我的手指和拇指作为画架……书仍然是一个‘外在在那里’的物体，即使我跟这些印刷在页面上的文字**相结合**使其‘在这里’”。页面上的文字本身就是行为——言语行为的行为。舍尔和表演学派已经说过这一点，但史密斯走得更远。对他来说，这些文字是“时空中的身体”。他的意思是，页面上的文字可能会被理解为占据着空间并随时间推移而展开。他通过咨询美国手语协会（ASL，American Sign Language）专家明确了这一点。符号化的文字，是在现实的时间内、一个接一个空间中的身体示意动作。当史密斯请手语译员表演第 29 首十四行诗时，他发现，在手语协会这些诗的手势语具有了新的和意想不到的意义：它们邀请观众将诗人的“我”与观众的“你”合并在一起。像“我哭了”和“我看着自己”这样的台词的手势，暗示了观众对主题的理解。事实上，“（我）看着自己”将诗人的“我”比作从外面看的观众。

史密斯的总体观点是，情动理论让我们看见、思考和感受文字之外的诗，到达文字形成之前的地方。他认为，**先于文字的**情动理论，在莎士比亚自己的时代已经存在，这使读者也感受到了前语言的诗。他的证据是接近莎士比亚的同时代人约翰·布尔沃（John Bulwer，卒于 1656 年）的《手语学，又名自然手语》（*Chirologia: or*

85

the Natural Language of the Hand Natural Language of the Hand)。布尔沃将手势先于文字理论化。布氏认为，手势先发制人地“从舌头上”吸取思想，也就是说，在舌头能够说出任何东西之前它就这样做了。这使得史密斯能够将第 29 首十四行诗的文本，解读为一系列有意义的处于空间中的前语言手势，通过动作传达情动。这首诗的实际文字并没有限制读者 / 诠释者对它的理解。最重要的词是出乎意料的：人称代词（我，他，她）和介词（至，从，与），它们创造了人与人之间的关系。[1]

情感的表演论已经非常接近情动理论。将《独立宣言》视为表演，意味着将其既视为表演的产物（人们事先商议，然后签字），也视为“表演者”（用它的大小、字体、羊皮纸和语言给我们留下深刻印象）。情动史学家必须更进一步。她将《独立宣言》中的文字视为思考人际关系的邀请。她认为文字只是从“无言语思考”到“书面思考”的最后一步，也就是说，文字留下了很多没有言明的东西。它们就像布尔沃的《手语学》中的手势。每个单词——而且这在代词中特别容易看到——都像雷迪的情感表达中的一个，即使它只表达一个意思，也暗含着许多意义。《独立宣言》的第一句话从“一个民族”（one people）转到“他们”，以及他们与“另一个民族”的联系，然后含蓄地转到“你”——那些听或读文件的人。你知道（或者应该知道，《独立宣言》这样暗示）自然法则和自然之神的法则赋予“他们”“他者”和“你”，“独立的和平等的地位”。《独立宣言》并没有用文字

① Smith, *Phenomenal Shakespeare*, pp. xvi, 45, 56, 62（转引自布尔沃的著作）。

表示，“你和我们，甚至他们在这一点上是一致的”，但它隐含地假设了这一点。尽管如此，在对文本进行语法分析时，重点仍然是“身体”。但它是一个由许多部分组成的身体，因为它包括文本本身、作者、签署者和读者。

相对而言，很少有历史学家毫无保留地采用情动转向。在这方面，他们反映了许多心理学家的想法，其中一些人引入了“认知情感”（cogmotion）一词，以此表达“认知和情感的互动及不可分割的性质”。历史学家出于各种原因对情动理论进行了批评。露丝·莱斯（Ruth Leys）认为，马苏米和其他情动理论家滥用了他们所引用的科学数据。一些历史学家对一种要求他们在研究中把自己的情感也包括进来的理论感到不安。还有一些人反对支持前语言反应，从而降解文字的重要性。①

86

情动理论家们很清楚这一观点的讽刺意味，在使用文字的同时却彻底改变了文字的意思——语意丰富地、辞藻华丽地与富有诗意地使用文字时确实如此。支持情动理论的人欣赏这种讽刺，认为这种讽刺适合他们变动不羁的话题。塞格沃斯和格雷格明确表示，他们对情动的不确定性感到高兴：“没有单一的、普遍的情动理论：现在还没有，而且（谢天谢地）永远不会有……这种情况可能……在一定程

① Douglas Barnett and Hilary Horn Ratner, “Introduction: The Organization and Integration of Cognition and Emotion in Development,” *Journal of Experimental Child Psychology* 67（1997）: pp. 303–316, at p. 303; Ruth Leys, “The Turn to Affect,” *Critical Inquiry* 37（2011）: pp. 434–472. 历史学家有关情动理论的构想，参见 Stephanie Trigg, “Introduction: Emotional Histories–Beyond the Personalization of the Past and the Abstraction of Affect Theory,” *Exemplaria* 26（2014）: pp. 3–15。

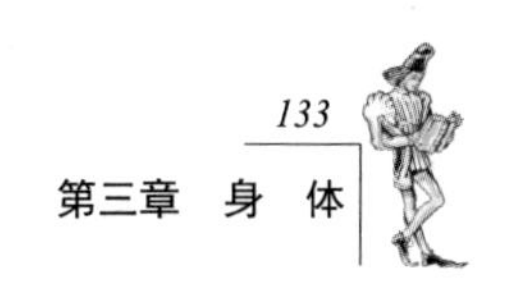

度上解释了，为什么（有些人）第一次接触情动理论时，可能感觉像遇到了一次短暂的（有时更加持久的）方法论与概念的自由落体。”[①]

空间中的身体与作为空间的身体

身体在空间和场所内活动，并赋予它们意义；同时，空间和场所被赋予的文化和个人意义，又反过来影响着人们。这是一种社会建构主义观点，它最早出现于20世纪60年代，与哲学家亨利·列斐伏尔（Henri Lefebvre，又译亨利·勒费弗尔）的著作密切相关。然而，列斐伏尔不是历史学家，他关于人、情感和空间如何相互作用的观点是普遍的和总括的。[②]

最近，历史学家玛格丽特·佩诺超越了列斐伏尔，否认“存在一个以任何简单而明确的方式受空间和物质性影响的普遍的身体”。她观察了印度旧德里市的城市规划中的空间，指出“同样的狭窄小巷，它们曾经为老年男性创造了安全感，却可能会让他们的儿子感到幽闭恐惧”。后人的感觉可能仍然不同——或者说，实际上什么都感觉不到，因为一些场所的原初意义可能“在它们被转换成不同的物质空间之前就失去了可读性”。[③] 佩诺对“可读性”的坚持，是对现象学家和情动理论家的回答，正如我们上面所看到的，即使在今天，（情动理论认为）前语言的体验是最原始的。

87

① Seigworth and Gregg, *Affect Theory*, pp. 3–4.

② Henri Lefebvre, *The Production of* Space, Oxford, 1991（orig. publ. in French, 1974）.

③ Margrit Pernau, “Space and Emotion: Building to Feel,” *History Compass* 12/7（2014）: pp. 541–549, at p. 545.

情动地理学家（那些采纳情动理论的地理学家）认为，人们受空间影响的方式完全是无意识的，必须一直处于未经表达且无法表达的状态。空间本身——可以最清楚地看到超越个人的情动体验的地方——具有能动力，导致情动发生变化。毕竟，空间是由事物和人定义的：房子的空间由墙壁、窗户和物体决定；街道的空间是由建筑、人、动物、汽车等等定义的。空间会引起情动的变化，因为各个种类的身体——人类的、非人类的、透明的、密实的——都有情动能力。用地理学家本·安德森（Ben Anderson）的话来说，情动是"一种超越个人的**能力**，它使身体（通过一种情动）被影响，又反过来发挥影响（作为改变的结果）"。情动是不可避免的；身体**必然**受到情动的影响，并反过来影响它。但是，安德森警告说，"并不存在先有一个'事件'，然后接下来产生这种'事件'的情动'效果'"。情动一直处于不断发生的过程中。[①]

当然，一些地理学家，更喜欢谈论通过语言可以表达的情感。史蒂夫·皮尔（Steve Pile）关于两种地理——情感地理和情动地理——的颇有助益的观点指出，情感"地理学家描述了各种语境中广泛的情感，包括：矛盾心理、愤怒、焦虑、敬畏、背叛"，这个列表还在继续，以担忧作为结束。这些被理解为"认识、存在和做事的方式"。即使是情动地理学家，尽管有对无言的坚持，也谈到了"愤怒、无聊、舒适和不适、绝望……"，并且他们的列表还在继

① Ben Anderson, "Becoming and Being Hopeful: Towards a Theory of Affect," *Environment and Planning D: Society and Space* 24（2006）: pp. 733–752, at pp. 735–736（黑体为原文所加）。

续。毕竟，他们必须用文字来表达他们的想法。[①]

这两类地理学家都专注于对周围环境的反应，但乔伊斯·戴维森（Joyce Davidson）和克里斯蒂娜·米利根（Christine Milligan）强调身体本身是一个充满情感的空间，情感本身具有空间维度，如“欢乐的‘高度’和绝望的‘深度’”。我们把我们的感受注入空间中（“用玫瑰色的眼镜”看待它们），就像是空间感动了我们一样。他们的讨论从家庭中的身体和情感，转向家庭以外的机构（学校、工厂、监狱），到城市和农村地区，最终到国家及更远的地方。[②]

88

历史学家对这部作品感兴趣，但他们也希望强调空间的历史维度。2012 年，本诺·加默尔（Benno Gammerl）出版了一本论文集，旨在“开辟情感史的新视野”。论文作者们考察了情感如何与某些“社会文化语境”中的空间相联系。正如读者现在可能想象的那样，并非其中的所有论文都使用了相同的情感定义。[③]

例如，安德烈亚斯·雷克维茨（Andreas Reckwitz）互换使用情动和情感这两个术语，批评了那些认为“理性和非理性之间”存在二元论的社会学家。这种二元论将情感和情动转变为“不适合社会学意义的一般化的个人特征，和/或把情感和情动作为自然和生物学的结构或欲望的个人特征”。为了努力克服这些二元论观点，雷克

① Steve Pile, “Emotions and Affect in Recent Human Geography,” *Transactions of the Institute of British Geographers*（n.s.）35/1（2010）: pp. 5–20, at p. 6.

② Joyce Davidson and Christine Milligan, “Editorial. Embodying Emotion Sensing Space: Introducing Emotional Geographies,” *Social and Cultural Geographies* 5/4（2004）: pp. 523–532.

③ Benno Gammerl, “Emotional Styles-Concepts and Challenges,” in *Rethinking History* 16/2（2012）: pp. 161–175, at p. 161.

维茨提出（同样，与舍尔和佩诺很相似）关注“社会实践”，以提供“一个用于分析情感和空间性的综合的启发式框架”。事实上，这种整合不难做到，因为“**所有**社会实践”都涉及情感空间与人为现象空间（artefact-space）的构建过程，情感由此“指向人为现象 / 物体”（artefacts/objects），反过来它们“由这些人为现象 / 物体形成的空间”构建起来。由于实践总是社会的和文化的，它们会受到历史变化的影响。但根本问题是它们为什么要改变呢？为什么不在意识之外（out of mind）的时间内，保持被实践与反复实践的状态呢？雷克维茨在这里考虑了彼得·斯特恩斯的观点：由于建议类手册改变了它们的话语，这些改变导致实践的变化。对于这一点，雷克维茨还补充了“改变空间中的人为现象的组合”的效果。技术的进步是最容易被看到的。雷克维茨举了一个火车发明时人们产生新感受的例子：关起车厢门的火车在乡间疾驰，激起了人们之前从未体验过的情感。①

火车车厢、城市广场、旧德里城的街道都是特殊的建构物。但有几个为加默尔的论文集写作的历史学家，从功能角度考察空间：家庭、法庭、马戏团。马克·西摩尔（Mark Seymour）将这些功能空间称为“情感竞技场”。他指出，“虽然历史行动者似乎属于一个特定的情感团体，但他们可能会根据与给定的竞技场空间的相关联的期望，改变他们的忠诚、价值观和表达方式”。（罗森宛恩的“情

---

① Andreas Reckwitz, “Affective Spaces: A Praxeological Outlook,” in *Rethinking History* 16/2（2012）: pp. 241–258, at pp. 244, 247, 249, 256（黑体为原文所加）。

感团体”在这里被引用，她会同意这个看法。但她会用不同的说法：她会说竞技场帮助我们看到情感团体的表达能力的全部维度——包括其灵活性和局限性。）西摩尔的文章考察了发生在罗马的一次刑事审判。审判在一座教堂里进行，这座教堂被19世纪晚期新建立的意大利王国重新用作法院。西摩尔认为，这个空间是一个“表演、见证和裁决一个新国家的情感的场所”。西摩尔在描述律师和检察官的冷静和拘谨的行为举止时，将其与被告人皮埃特罗·卡迪纳尔（Pietro Cardinal）浮夸而吸引人的情感表演进行了对比，后者是一个来自卡拉布里亚（Calabria）的马戏团杂技演员，被控谋杀。法律人士团体和演员们都没有改变他们在法庭上的情感行为：这里的空间没有决定情感风格的功能。相反，情感风格本身也在那里上演了被审判。事实上，“审判”在新闻界和法庭上进行得一样多：例如，一名记者形容卡迪纳尔表现出“永远的愤世嫉俗的微笑（和）矫揉造作的自信”，这引起作者“不可遏制的反感”。当首席检察官要求做出死刑判决时，一位记者这样报道说：“……这是审判中充满情感的高潮时刻，……听众感慨万分地低声议论着，‘好像一阵颤栗扫过礼堂’。”然而，西摩尔并没有以一个情感团体（律师和州政府官员）战胜另一个（外乡的马戏团的演员们）作为结论。相反，他认为法庭成了这个新国家调和边远地区（如卡拉布里亚）与中心地区（罗马）的（情感）风格的地方。[①]

89

① Mark Seymour, “Emotional Arenas: From Provincial Circus to National Courtroom in Late Nineteenth-Century Italy,” in *Rethinking History* 16/2（2012）: pp. 177–198, at pp. 189–190, 193.

在以“功能”看待空间的观点中，布鲁姆霍尔主编的论文集再次引发关注。《家庭中的情感》(*Emotions in the Household*)研究了在家庭中形成（或受阻）的多种情感类型。与法庭不同，法庭必须有一定的大小，并包含法庭审判所需的建筑特征，家庭除了大小之外，不需要任何物理的或空间的特征。家庭很简单，足够大就行了，能够容纳一人以上的人口。特蕾西·亚当斯（Tracy Adams）在这本论文集的一篇文章中，探讨了现代早期法国那些非常富有的家庭。其中一些最负盛名的家庭，收养了来自较低等的贵族家庭的女孩，这些家庭花费相当多的钱，让自己的女儿由精英抚养。女孩们加入“至少有100名成员的家庭，居住在不同的房间——卧室、厨房和马厩”。以两个揭示了这种寄养的情感规约的文本为例——一个文本是比萨的克里斯蒂娜（Christine de Pisan，大约卒于1431年）写的，另一个是法兰西的安妮(Anne of France，卒于1522年)写的——亚当斯认为，这些贵族家庭的情感标准强调“息事宁人”与和蔼可亲。“女孩和她们的女主人之间的关系，以及女孩们之间的关系是为了彼此相爱。”亚当斯认为这是一种理想，但她认为这可能也是真实情况。如果是这样的话，她认为这为女孩们提供了慰藉，实际上，女孩们是她们家庭的社会抱负的马前卒。在同一本论文集中，由伊凡·贾布隆卡（Ivan Jablonka）撰写的另一篇文章，研究了一个类似的现象——在低微的农民家庭中的寄养。他们是受到国家监护的未成年人，寄养的男孩和女孩在法律上或生物学上都不是家庭成员。但他们的信件以及官方报告显示，这种养育关系“是充满感情的、精神层面的和社会性的”，类似于父母和孩子之间的纽带。“空间”

90

真的与情感有很大的关系吗？事实似乎并非如此：贾布隆卡发现，这些未成年人与其虚拟父母之间的感情关系，与师傅和学徒或仆人之间的关系大不相同，尽管他们都住在同一屋檐下。[1]

这让我们回到斯蒂芬妮·塔宾的研究中，在那里，家庭是情感的竞技场，远非充满深情的爱情。她强调现代早期英国家庭对恐惧、敬畏和畏惧的特别态度。这并不能证明佩诺关于空间在不同世代或不同群体中的意义的多变性观点。相反，这表明历史学家以不通约的方式使用“空间”一词。佩诺像列斐伏尔那样使用它，把它作为一个精确的场所：这条街道，那个公园和我的房子。但对于布鲁姆霍尔和她的撰稿人来说，空间远没有那么具体。家庭是一个概念空间，这个概念是在历史学家脑海中的。用布鲁姆霍尔的话说，“我们在这里对‘感受空间’的概念采用了广泛的定义：它们被理解为由共同的身份或目标（或对这些目标的渴望）形成的团体，通过一套特定的情感表达、行为或表演来实践，并在特定的空间或场所中进行实践。这些空间可以是物理的或概念的”。[2]

身体与物质

从丹尼尔·米勒（Daniel Miller）的影响深远的研究，到阿尔

① Tracy Adams, “Fostering Girls in Early Modern France,” in *Emotions in the Household, 1200–1900*, ed. Susan Broomhall, London, 2008, pp. 103–118, at pp. 105, 113; Ivan Jablonka, “Fictive Kinship: Wards and Foster-Parents in Nineteenth-Century France,” in *Emotions in the Household*, pp. 269–284, at pp. 273, 275.

② Susan Broomhall, “Introduction,” in *Spaces for Feeling*, pp. 1–11, at p. 1.

让·阿帕杜莱（Arjun Appadurai）、阿尔弗雷德·盖尔（Alfred Gell）和其他许多人的著作看来，物质文化在很大程度上一直是民族志学家、人类学家和社会学家的专属领域。它现在成为情感史上“最近发现”的课题之一。2002 年前后，格哈德·贾利茨（Gerhard Jaritz）在奥地利克雷姆斯组织了一次为期两天的圆桌讨论会，会议记录于次年出版。当时，事物、物质性和客体 / 主体二元关系出现在情感史学家的电子屏幕上。会议结束时，芭芭拉·罗森宛恩称情感和物质文化的结合是“一个正在建设中的场所”，这是一个有趣的隐喻，因为当时的多篇论文都是关于破坏、盗窃或掠夺财产的。[①] 正如我们将看到的那样，这个场所仍然只是部分地建成了。

在克雷姆斯圆桌会议前不久，考古学家莎拉·塔洛（Sarah Tarlow）曾经质疑，当只有**客体**可用时，研究人员如何研究情感**主体**。考古学家如何能够把情感理论化？塔洛把“无知或位置移情”（positional empathy）排除在外，认为我们不能假设“过去的情感是可知的，仅仅因为我们可以想象地体验它们”。然而，在拒绝了普遍主义的观点后，即过去的人与我们的感受完全一样，她承认：“我们作为人类的共同经历，为我们提供了一个解释的基础，例如感官感知。”事实上，她甚至愿意走得更远，认为我们的祖先有“体验情感

---

① Daniel Miller, *Material Culture and Mass Consumption*, Oxford, 1987; Miller, ed., *Materiality*, Durham, 2005; Arjun Appadurai, *The Social Life of Things: Commodities in Cultural Perspective* , Cambridge, 1989; Alfred Gell, *Art and Agency: An Anthropological Theory*, Oxford, 1998. For the Krems roundtable, see Barbara H. Rosenwein, “Emotions and Material Culture: A ‘Site under Construction,’ ” in *Emotions and Material Culture*, ed. Gerhard Jaritz, Vienna, 2003, pp. 165–172.

的能力和倾向，尽管不一定是特定情感的体验”。但是，考古学家又怎能超越人们总是有情感这种乏味的假设呢？塔洛在情动理论兴起之前就开始写作了；尽管如此，她那时还是预想到了这样的事情：“对我们来说，将情感实践的物质性理论化是非常重要的。空间、建筑、艺术品和情感之间的关系是什么？事物如何变得具有情感意义？”①

考古学家克里斯·戈斯登（Chris Gosden）试图通过美学来回答塔洛的问题。戈斯登接受了情感是一种判断，因此意味着一种思想的观点，他认为，对美的判断——或者更普遍地说，“我们对物体的形式品质所赋予的价值”——是情感的，也是理性的。戈斯登对一个雕刻品的例子进行研究，这件雕刻品被新西兰的特阿拉瓦人认为有点儿像人类。戈斯登认为，在离开 120 年之后，这件雕刻品于 1997 年回到了它的祖宅，这是一个充满戏剧性和感受的时刻。根据雷迪的情感表达概念和巴特勒的表演概念，戈斯登认为“我们参与物理世界的多感官性，很快就呈现为情感体验的复杂性”。事实上，这是一种通过我们的身体来实现的情感体验，虽然无法完全用语言表达出来。②

92

到 2010 年，情动理论已进入考古学系。奥利弗·哈里斯和蒂

① Sarah Tarlow, “Emotion in Archaeology,” *Current Anthropology* 41/5（2000）: pp. 713–746, at pp. 723–725, 729.

② Chris Gosden, “Aesthetics, Intelligence and Emotions: Implications for Archaeology,” in *Rethinking Materiality: The Engagement of Mind with the Material World*, ed. Elizabeth Demarrais, Chris Gosden, and Colin Renfrew, Cambridge, 2004, pp. 33–40, at pp. 33, 37.

姆·瑟伦森以此为基础，“理解人和事物是如何形成自己的世界的”。通过举例，他们建议对在英国多塞特的普莱森特山上建造、使用和改造一个大型的巨石阵围墙所涉及的情感和情动进行分析。该围栏建于公元前2500年左右。哈里斯和瑟伦森借鉴了盖尔的观点，即艺术作品会立即影响人们，而不管创作者的意图是什么。他们开发并使用了含有四个术语的“新的分析词汇表”：氛围（atmosphere）、协调系统（attunement）、情动场（affective field）和情感。在巨石阵的具体实例中，哈里斯和瑟伦森假设，原始的内部围栏的176根木柱远小于实际建筑项目，限制了某些身体运动和心理感知。这就是它的**氛围**。但是，随着氛围的改变（例如，当木头腐烂），人们的**协调系统**发生了变化。因此，他们的**情动场**——他们与这个场所和彼此的“关系联系”（relational connection）——也发生了变化。由于这个新的情动场需要新的行为，那些“不同类型的身体的活动……将有助于激发**情感**”。

在探索了整个遗址可能的情动意义后，哈里斯和瑟伦森得出结论，“人们觉得有必要返回（巨石阵），因为遗址的建筑和物质性揭示了强大的历史，这种潜力通过人们的情感参与和团体情感形成的纹理产生出来”。毫无疑问，巨石阵是由一个或多个团体建造、使用和再利用的，但说到“团体的感受”则是一个飞跃。但这是作者允许自己被提及的唯一具体感受，因为其余的都是相当普遍的：对于任何具有文化意义的遗址来说，它的影响力都是实实在在的。正如莎拉·塔洛在随后对情感和考古学论著的评论中所指出的那样，哈里斯和瑟伦森等考古学家仅限于展示“更松散的特定情感力量如何

93

塑造特定的时刻、场所和关系”。她谈到了那些“与特定情感更加密切结合”的人，并呼吁她的同事们：“探索情感的社会、文化，以及最广泛意义上的历史层面，我认为必须关注其可变性。”[①] 简而言之，仅仅指出人们被一个遗址“感动”是不够的。

塔洛是一位与历史学家有着共同事业的考古学家。然而，与考古学相比，历史学在整合情感和物质文化方面进展缓慢；这两者微妙的相互作用，直到 2010 年左右才开始广为人知。在塔洛自己写的一篇关于墓地和墓碑（写作与物质性相交之处）的文章的指引下，情感史学家初次转向墓地。正如塔洛所指出的，“墓碑介于考古学和文本之间；对其进行适当的研究，需要考虑其重要性以及墓碑表面的铭文”。她发现，到了 19 世纪，墓碑明显带有情感色彩，唤起了“失去、爱和悲伤”。但早在 19 世纪之前，正如罗森宛恩所展示的 6 世纪和 7 世纪那样，葬礼铭文中嵌入了各种各样的情绪。更早些时候，正如古典主义者安杰洛斯·查尼奥蒂斯（Angelos Chaniotis）所指出的那样，希腊世界的人们雕刻文字——不仅在墓碑上，而且在各种耐用材料和各种公共空间上——来表达嫉妒、仇恨、爱、绝望、哀悼、慰藉和许多其他情感。但罗森宛恩和查尼奥蒂斯都没有考虑石头本身的推动力（agency），或者什么属于中世纪学者杰弗

① Oliver J. T. Harris and Tim Flohr Sørensen, “Rethinking Emotion and Material Culture,” *Archaeological Dialogues* 17/2（2010）: pp. 145–163, at pp. 146, 148, 152, 155–156, 162; Sarah Tarlow, “The Archaeology of Emotion and Affect,” *Annual Review of Anthropology* 41(2012): pp. 169–185, at pp. 174, 181; 与哈里斯和瑟伦森相反的研究，参见 John Kieschnick, “Material Culture,” in *The Oxford Handbook of Religion and Emotion*, ed. John Corrigan, Oxford, 2008, pp. 223–240。文中强调艺术家有意识地通过他们的创作来影响人们。

里·科恩（Jeffrey Cohen）所说的石头的“持久活力”的东西，他们用诗意的语言描述石头的推动力：“石头不是被动地把故事向前推进，

94 （因为）石头的表面容易铭刻碑文。石头被纠结在叙事之中：刻写与抹除之间，即为盟友和敌人，一种具有煽动性和共谋性的推动力。”①

虽然科恩的书有意避免“人类塑造行为的集中性的产物，如雕像”，但艺术史学家埃莉娜·格茨曼（Elina Gertsman）探索了中世纪拟人雕塑的情感意义。她把文字和图像放在一起，挑战微笑意味着幸福的观点。她认为，事实上，微笑是模棱两可的。哥特式雕塑主题“聪慧和愚蠢的处女”（《马太福音》第25章第1—13节的一个寓言），恰当地说明了她的观点。圣经故事中的处女清楚地表明，如果微笑表示幸福，那么聪明的处女会微笑（因为她们会去参加新郎的盛宴，这是天堂的隐喻），而愚蠢的处女则会哭泣（因为她们被关在外面，最终会进地狱）。马格德堡大教堂圣母雕像（雕刻于1250年左右）上的微笑，如人们所预料的那样：是智者幸福地微笑；相比之下，愚蠢的处女们擦着泪眼、皱着眉头。但在斯特拉斯堡大教堂，同样的故事发生了转折（见插图6）。仅仅在马格德堡大教堂的处女雕塑完成30年之后，斯特拉斯堡的处女雕塑，无论是聪明还是愚蠢，都不会微笑。然而，有一个例外。与愚蠢的处女们在一

① Sarah Tarlow, “Death and Commemoration,” *Industrial Archae ology Review* 27/1（2005）: pp. 163–169, at pp. 164, 167; Rosenwein, *Emotional Communities*, pp. 57–78; Angelos Chaniotis, “Moving Stones: The Study of Emotions in Greek Inscriptions,” in *Unveil ing Emotions: Sources and Methods for the Study of Emotions in the Greek World*, ed. Angelos Chaniotis, Stuttgart, 2012, pp. 91–129; Chaniotis, “Emotions in Public Inscriptions of the Hellenistic Age,” *Mediterraneo antico*, 16/2（2013）: pp. 745–760; Jeffrey Jerome Cohen, *Stone: An Ecology of the Inhuman*, Min neapolis, 2015, p. 12.

插图 6　斯特拉斯堡教堂的雕像（约 1280 年）

一名笑嘻嘻的年轻人，举着一个诱人的苹果，吸引着身旁的年轻女子。她是《马太福音》第 25 章第 1—3 节中所说的愚蠢处女之一，她甚至比《马太福音》所说的还要愚蠢，因为她正在和魔鬼调情。当两人漫不经心地咧嘴一笑时，他们发出的信号不是幸福，而是道德败坏。

起的，有一个年轻、英俊、面带微笑的人，但蛇和蟾蜍爬上了他的背。他是撒旦，并且离他最近的一个愚蠢处女，正如格茨曼所指出的，“灿烂地笑着”。在这里，她的微笑不是幸福的标志，而是愚蠢和罪恶的标志。①

处女们很容易在情感上被“解读”，因为她们代表了人，《圣经》文本表明了她们的意义。但是，如果历史学家面对一些表面上没有情感的东西，比如一块布，会怎么样？即使在这里，历史学家也发现很难摆脱文本性的束缚。在一本题为《日常用品》（*Everyday Objects*）的论文集中，凯瑟琳·理查森（Catherine Richardson）讨论了在1560年代的英格兰购买两顶特殊帽子的情感意义。在涉及违背婚姻承诺的诉讼中教会法庭记录的证词显示，这些帽子至少是“爱情和强制”的信物，因为女性接受这些帽子意味着订婚。另一方面，在同一本论文集中，莉娜·考恩·奥尔林（Lena Cowen Orlin）并不认同使我们“情感化物品”的“维多利亚遗产”。在她看来，即使是遗嘱中的“信物”和“纪念物”，也“通常被呈现为经济价值的载体，仅此而已”。通过这种方法，莎士比亚送给他妻子的“第二好的床”，可能具有“象征价值（比如，作为尊重的象征）和财务价值，但没有重新赢回的情感价值”。遗嘱显然是难以捉摸的文本，其精准条款

95

① Cohen, *Stone*, 13; Elina Gertsman, “The Facial Gesture: (Mis) reading Emotion in Gothic Art,” *The Journal of Medieval Religious Cultures* 36 (2010): pp. 28–46; Jacqueline E. Jung, “The Portal from San Vicente Martír in Frías: Sex, Violence, and the Comfort of Community in a Thirteenth-Century Sculpture Program at the Cloisters,” in *Theologisches Wissen und die Kunst. Festschrift für Martin Büchsel*, ed. Rebecca Müller, Anselm Rau, and Johanna Scheel, Berlin, 2015, pp. 369–382.

却引起了无数的解释。当莎士比亚将“第二好的床”遗赠给他的妻子时，这是丈夫冷漠的表达吗？是一种特别的爱的象征，或者只是为了确保她有地方睡觉？[1]

无论文本多么靠不住，当约翰·斯泰尔斯（John Styles）研究18世纪中期被遗弃在伦敦育婴堂的婴儿的信物，以及题写在布上的字母或短句时，他称赞文字和事物的结合是“育婴堂档案作为史料的巨大力量”。就像塔洛一样，斯泰尔斯认为“共同的人类体验”将过去和现在的情感联系在一起。他观察到，“档案中这些物品的出现，源于人类已知的最深刻的分离和失落体验之一——母亲和婴儿之间基本情感纽带的断裂”。基于这样一个前提，为什么斯泰尔斯还要质疑这种联系的“真实性”？斯泰尔斯问道：“这些物品能告诉我们贫穷的母亲放弃孩子的感受吗？或者它们能告诉我们，贫穷的妇女认为富裕的机构会期望她们表达关于分离和失去的情感吗？”他利用一些物体的一般文化意义来解决这个问题。彩色丝带——在弃婴的信物中占主导地位——是众所周知的“爱的象征，尤其是在分离和失去的情况下”。心形也是如此，“18世纪确立起来的爱的象征”，通常以象征性织物的形式留下（见插图7）。最终，斯泰尔斯发现对这些母亲来说最必不可少的，远远超出了能诉诸文字的范围的，是“丝

① Catherine Richardson, “ ‘A very fit hat’: Personal Objects and Early Modern Affection,” in *Everyday Objects: Medieval and Early Modern Material Culture and its Meanings*, ed. Tara Hamling and Catherine Richardson, Farnham, 2010, pp. 289–298, at p. 293; Lena Cowen Orlin, “Empty Vessels,” in *Everyday Objects*, pp. 299–308, at pp. 300, 303. 但是，奥尔林没有提及莎士比亚的遗嘱。

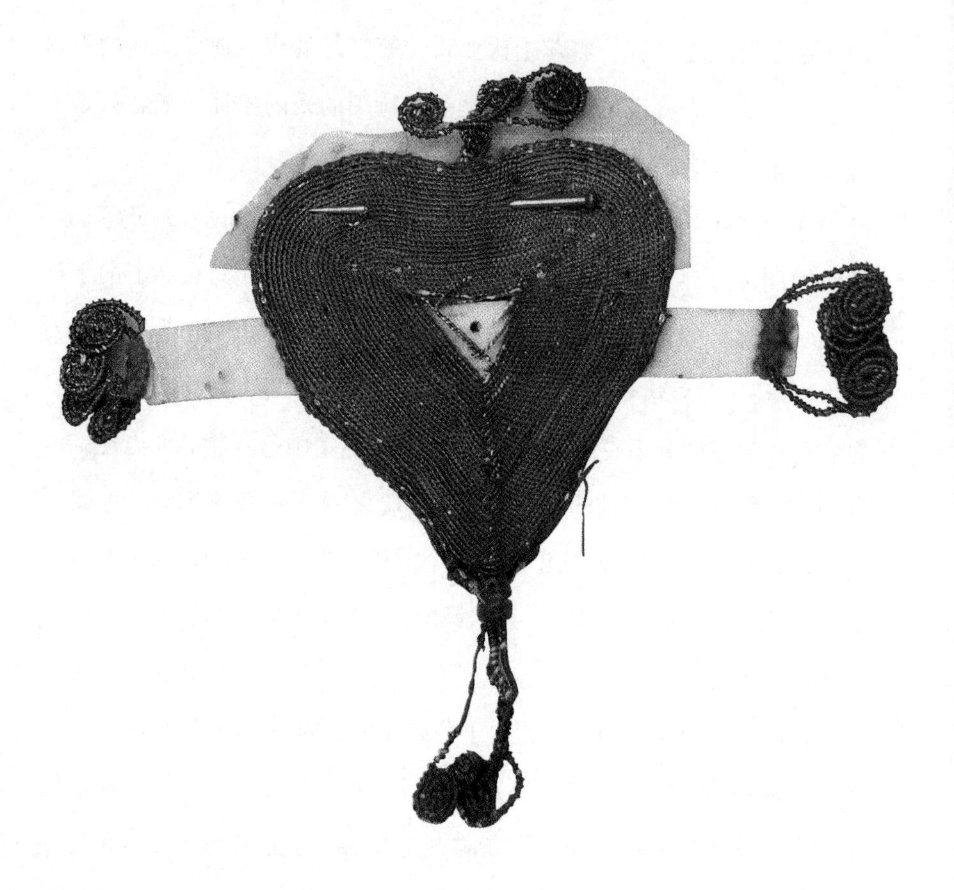

插图 7　作为象征物的红色心形织物

当一串串珠子编织的红心，钉在被抛弃到伦敦育婴堂的婴儿的衣服上时，它的意义无须言语来解释。在所有社会阶层中，人们都把心理解为生命的至为关键的部位，这是真情的中心和爱的地方。它的红色让人想起血。这种特殊的心形象征物，被创造性地拟人化了。

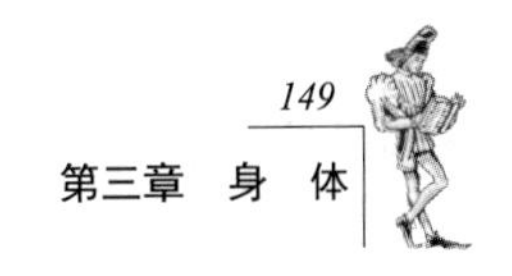

带和心形饰物的语言”，这是“所有人都可以使用的”。[①]

社会人类学家、博物馆馆长托芙·恩格尔哈特·马蒂亚森（Tove Engelhardt Mathiassen）与斯特尔斯一样，耕耘于“公共历史”领域，她在丝带中发现了文化意义。她的文章发表在《织物：布料与文化》（*Textile: Cloth and Culture*）的一期杂志上，该期杂志致力于评估“织物与感受”之间的联系。其中的每篇文章分别考察了约1620年到1910年间，在西北欧地区占据重要地位的一种织物类型。这些文章提出了三个关键假设——织物的意义随时间推移而变化；主要是女性，而不是男性，与织物有情感联系；每种材料本身都有其独特的情感潜力，这取决于其质地、外观和气味——它们将撰写文章的女性的情感纳入其研究范围。因此，马蒂亚森承认，在一个现代早期的丹麦洗礼服展览会上工作时，“一套特定的衣服激起了我的情感”。最重要的是，一顶小小的帽子让她明白了新生儿的脆弱性及其所需要的保护。但孩子的父母也有同感吗？没有文本史料，“与这些特定服装相联系的情感的知识似乎停滞不前”。与斯特尔斯一样，马蒂亚森找到了一条间接途径，借鉴了当时丹麦文化中嵌入的信仰和价值观。她知道婴儿死亡率很高，并根据自己对孩子脆弱性的感受，研究了许多因素——其中一些直接编织在洗礼服装中，这些因素共同提供了保护策略，因此也把父母的关心和爱编织了进去。例如，从大约1700年

96

① John Styles, “Objects of Emotion: The London Foundling Hospital Tokens, 1741–1760,” in *Writing Material Culture History*, ed. Anne Gerritsen and Giorgio Riello, London, 2015, pp. 165–172, at pp. 166–168, p. 171; 另参见 Styles, *Threads of Feeling: The London Foundling Hospital's Textile Tokens, 1740–1770*，London, 2010。

开始，大多数此类服装都是红色的，或者带有红色装饰，如缎带。和在同一时期的英国一样，缎带是爱的象征，而丹麦民间传说中的红色被认为是驱邪的。红色也与基督教的宗教思想有关：它是“一种热烈的颜色，用来作为爱、激情和鲜血的象征”。采用同样的方法，考察金属元素（将金属线状物、护身符或硬币缝在帽子或长袍上，或藏在口袋里），以及仪式性的重复使用（如母亲的婚纱变成了洗礼服），马蒂亚森得出结论，物质对象中固有的情感即使不能被解读，也可以得到解释。①

由于人们所赋予的意义，这种情感在物质对象中成为“固有的”。物体能有自己的情感作用吗？绝对有。在一篇被广泛引用的文章中，萨拉·艾哈迈德谈到了“快乐的物品”。《有情感的织物》（*Emotional Textiles*）的主编，谈到了织物的“情感属性”。杰弗里·科恩宣称“石头包含能量和辐射作用”。他提醒说，盎格鲁－撒克逊主教厄肯瓦尔德的一滴眼泪，据说有效地洗礼了一具尸体，将其灵魂释放到了天堂：“厄肯瓦尔德的情感和物质反应，将故事中的生者和死者联系在一起。”②

97

到目前为止，我们讨论的所有方法都是从物质对象开始，然

---

① Tove Engelhardt Mathiassen, “Protective Strategies and Emotions Invested in Early Modern Danish Christening Garments,” in *Emotional Textiles*, ed. Alice Dolan and Sally Holloway = *Textile: Cloth and Culture* 14/2（2016）: pp. 208–225, at pp. 211–212, 215. 关于公共历史、博物馆展品和情感，参见 Sheila Watson, “Emotions in the History Museum,” in *Inter- national Handbooks of Museum Studies: Museum Theory*, ed. Andrea Witcomb and Kylie Message, Hoboken, 2015, pp. 283–301。

② Sara Ahmed, “Happy Objects,” in *Affect Theory*, pp. 29–51, at pp. 29, 35; Alice Dolan and Sally Holloway, “Emotional Textiles: An Introduction,” in *Emotional Textiles*, pp. 152–159; Cohen, *Stone*, pp. 22, 96–97.

后试图梳理出它们的情感（或者，有时是非情感）意义。但还有另一种方法：从情感开始，看看它是如何在物质上表达的。早在克雷姆斯的会议上，丹尼尔·斯梅尔已经开始研究敌意，其研究结果认为在中世纪晚期的马赛，人们通过扣押货物来表达他们的敌意。例如，他认为，一位乡绅“在贝特兰·德·韦兰（Bertran de Velans）的商店里，（根据他自己的授权）抢走了该商店拥有**拍卖所有权**的两个银杯子，在（法庭）记录中店主被称为“他的敌人”。在《爱的物件》（*Love Objects*）中，作者从爱情开始议题，然后探索了它的物质表现。虽然大多数撰稿人都在研究当代物品，但伊丽莎白·豪伊（Elizabeth Howie）记录了19世纪男性与男性之间的浪漫关系，是如何在兴高采烈的拥抱和相互崇拜的照片中表达出来的。安·威尔逊（Ann Wilson）（在一篇关于宗教情感而非爱情的论文中）勾勒了这样一幅历史场景，据说，（在1920年的爱尔兰）一些虔诚的天主教徒的形象是流着血的，这一现象既加强了教会的权力，同时又有可能削弱教会的权力。①

最后，一些著作者从情感实践开始，这些实践本质上涉及物品。文化评论家雷伊·周（Rey Chow）探讨了收藏品中的许多“欲望的衍生后果”。一方面，对于人类“对物的热爱”的蔑视，可能会

① Daniel Lord Smail, “Enmity and the Distraint of Goods in Late Medieval Marseille,” in *Emotions and Material Culture*, pp. 17–30, at p. 21; Elizabeth Howie, “Bringing Out the Past: Courtly Cruising and Nineteenth-Century American Men’s Romantic Friendship Portraits,” in *Love Objects: Emotion, Design and Material Culture*, ed. Anna Moran and Sorcha O’Brien, London, 2014, pp. 43–52; Ann Wilson, “Kitsch, Enchantment and Power: The Bleeding Statues of Templemore in 1920,” in *Love Objects*, pp. 87–98.

引发焚毁，就像20世纪60年代中国“文化大革命”期间发生的那样。另一方面，它可能会变成一段恋爱故事：收藏家的社会关系和自我价值感都专注在物上；它们是虔诚的对象；没有它们，收藏家就活不下去。但丹尼尔·斯梅尔对相关的囤积行为有着不同的解释。他将其与消费主义以及蓬勃发展的表观遗传环境相结合，认为囤积很可能与某些病变有关，可能与人类每个时代都存在的潜在基因条件有关。然而，它仅在消费主义环境中从行为上表现出来，而消费主义刺激了血清素系统。[①]

98

心理空间

血清素让我们回到生理学意义的大脑。但今天，大脑也被认为是记忆和想象的场所，用自己的空间和实体创造世界。哲学家玛莎·努斯鲍姆（Martha Nussbaum）认为，书籍、音乐、戏剧、表演和其他艺术提供了重要的感受空间——不是因为它们提供了场所，而是因为它们刺激了心理场景。例如，希腊悲剧的观众们就在想象中将剧中人物表达的情感运用到自己身上。实际上，戏剧“使得（他们）对自己生活的可能性产生各种类型的情感”。[②] 艺术和戏剧为情

① Rey Chow, “Fateful Attachments: On Collection, Fidelity, and Lao She,” *Critical Inquiry* 18（2001）: pp. 286–304; Daniel Lord Smail, “Neurohistory in Action: Hoarding and the Human Past,” *Isis* 105/1（2014）: pp. 110–122.

② Martha C. Nussbaum, *Upheavals of Thought: The Intelligence of Emotions*, Cambridge, 2001, p. 241. 另参见 Susan L. Feagin, *Reading with Feeling: The Aesthetics of Appreciation* , Ithaca, 1996. 苏珊·L. 费金在这部著作中已经强调，阅读的情感层面的“读者回应”是当前文学研究方法的一个重要方面。

感实验提供了空间。

这个富有想象力的空间有历史维度吗？玛丽安·诺布尔(Marianne Noble)认为，在美国的维多利亚时期，女性感伤文学提供的不仅仅是表面意义。1827年，玛丽亚·布鲁克斯（Maria Brooks）在一首诗中引用了女性的“温柔之美”，但其受虐形象实际上创造了“黑暗的性幻想”，让读者绕过了“对女性化身和女性艺术的禁忌”。感伤文学为“自我探索”创造了一些可能性，使之“成为一种激情、欲望和愤怒的语言”。①

马克斯·普朗克研究所的乌尔特·弗雷弗特团队，撰写了一整本关于现代儿童读物中情感想象空间的书《学习如何感受》(*Learning How to Feel*)。作者指出，儿童读物作为一种体裁在18世纪末之前并不存在。此后，儿童读物逐渐站稳了脚跟，反映出一种新的信念，即儿童确实有情感，既然他们有情感，就必须理解并首先塑造他们的感受。《学会如何感受——儿童文学和情感社会化：1870—1970》(*Learning How to Feel – Children's Literature and Emotional Socialization, 1870–1970*）的副标题，揭示了该团队的总体结论：儿童书籍是为了社会化而非鼓励情感想象。作者们在考察儿童读物的同时，还研究了建议类书籍，认为两者是相互映照的。如果像弗雷弗特的团队所说的那样，孩子们通过模仿和实践来学习情感，那么儿童读物就提供了可供孩子们欣赏、厌恶的模式，并且通常可以“试

① Marianne Noble, *The Masochistic Pleasures of Sentimental Literature*, Princeton, 2000, pp. 4, 6.

一试”。但这些角色并不是无限的。作者在单独的章节中讨论了一些特别的“社会意义上的”情感——信任、羞耻和同情，并主要研究了在德国、斯堪的纳维亚半岛和英国流行的这类书籍，结果表明，总的来说，儿童书籍提供了小读者们应该牢记于心的相当严格的道德教训。某些历史趋势非常明显：首先，儿童书籍强调上帝的意志或成人的权威。后来，他们赋予孩子的同伴们更高的地位，并主张成人和儿童在道德上是平等的。欧洲种族和基督教宗教优越性的主张慢慢变弱，但从未完全消失。性别角色是平等的，最近的儿童读物为同性之爱和同性育儿留出了空间。因此，情感空间随着时间的推移而扩大，但请注意：“这些多样的机会和不断增长的可能性，也成为一种新的义务……（正在打开）通往永无止境的自我完善和优化过程的大门。”换句话说，自我实现的更大程度的自由，带来了对身份的无止境的追求。①

弗雷弗特的团队强调，儿童书籍中隐含的说教式教学，在某种程度上是逆流而上的。正如她的团队成员自己所认识到的那样，了解儿童书籍的作者**想要**孩子们学习什么是一回事，但知道这些书籍为每个孩子提供了什么样的想象意境，又是另一回事。伊彦·普兰普尔考察了勇敢的小男孩凯莎的历险故事影响俄罗斯小读者的众多可能性：他们可以“分享凯莎的恐惧和勇敢经历”，甚至可以超越这一点，“尝试”故事引发的其他情感。不太拘谨的学者走得更远，甚至认为读者会反抗书籍所倡导的情感。莎拉·比尔斯顿（Sarah

① Pascal Eitler, Stephanie Olsen, and Uffa Jensen, “Introduction,” in *Learning How to Feel*, p. 17.

Bilston）对比了维多利亚时期建议类书籍的教导，以及维多利亚时期女孩文学中隐含的“越轨行为”。根据文学理论家提出的读者自己制造出文本的意义的看法，比尔斯顿认为，维多利亚时代坚持以“还原性地”阅读来虔诚地学习道德意义的做法，被实际的阅读模式所推翻。她的例子——夏洛特·勃朗特（Charlotte Brontë）的《简·爱》（*Jane Eyre*）和乔治·艾略特（George Eliot）的《弗洛斯河上的磨坊》（*Mill on the Floss*）——在弗雷弗特的研究中几乎没有提及。但对比尔斯顿来说，这些都是儿童书籍颠覆维多利亚价值观的好例子。她指出，在《简·爱》中，同名女主角读了一本关于地理的书，让她的想象力四处游荡。简特别喜欢这些插图，“因为它们神秘而开放，暗示的空白显然留给了她去填补”。即便如此，简的阅读（和幻想）也并非完全自由，例如，尽管她痛恨赞美诗，但她对赞美诗以及其他虔诚的经文非常了解。类似地，乔治·艾略特的《弗洛斯河上的磨坊》中的女主人公，为了配合她读的书尤其是书中的插图，自己编造故事，甚至被“笛福的小说《魔鬼的历史》（*The History of the Devil*）中的一个溺水者的形象吓得瑟瑟发抖”（“这是一幅可怕的画面，不是吗？但我忍不住要看它”）。因此，正如比尔斯顿所解释的那样，《简·爱》和《弗洛斯河上的磨坊》中的文学品读场景，显示并促进了反正统的年轻女主角的产生。[1]

100

① Jan Plamper, “Ivan’s Bravery,” in *Learning How to Feel*, p. 203; Sarah Bilston, “ ‘It is Not What We Read, But How We Read’: Maternal Counsel on Girls’ Reading Practices in Mid-Victorian Literature,” *Nineteenth-Century Contexts* 30/1（2008）: pp. 1–20, at pp. 6–7, 9, 14.

同样，瑞秋·艾布洛（Rachel Ablow）将《简·爱》作为维多利亚时代读者的典范：正在阅读比维克的《英国鸟类史》（*History of British Birds*）的简，“与其说专注于她面前的文本，还不如说根据它提供的材料和心理空间积极创作自己的叙事”。简自己说，“当时我很快乐：至少以我的方式快乐”。尼古拉斯·戴姆斯（Nicholas Dames）在给艾布洛的书所撰写的文章中进一步指出，不仅小说为情感想象提供了空间，维多利亚时期的小说评论家也为其提供了空间。当他们评论小说时，他们鼓励读者通过这些评论来体验它们，包括作为“情感提示”的大段摘录。凯特·弗林特（Kate Flint）在另一篇文章中指出，维多利亚时期的小说为远离家乡的读者提供了一个舒适的情感逃生口，使他们远离周围环境给他们带来的不受欢迎的感觉。①

鲁比·拉尔（Ruby Lal）在一本关于19世纪印度教育实践的书中，考察了妇女和女孩在生活中受到的严格限制，她们被要求整日劳作，遵从男性的意愿和规则。然而，这些妇女和女孩找到了想象的嬉戏和做白日梦的空间，打破了规范性的体验，感受到了在官方看来他们不能有的情感。通过研究总是由男性书写的文本，拉尔发现了口头传统的痕迹，揭示了年轻女子和年幼的女孩们可以表达和

101

① Rachel Ablow, “Introduction,” in *The Feeling of Reading: Affective Experience and Victorian Literature*, ed. Rachel Ablow, Ann Arbor, 2010, pp. 1–10, at pp. 1–2; Nicholas Dames, “On Not Close Reading: The Prolonged Excerpt as Victorian Critical Protocol,” in *The Feeling of Reading*, pp. 11–26, at p. 22; Kate Flint, “Traveling Readers,” in *The Feeling of Reading*, pp. 27–46.

感受被禁止的欲望、渴望和矛盾情感的空间。[①]

梦为我们提供了另一个心理空间，在这个空间里我们会感受到奇怪、任性和强烈的情感。在《梦与历史》(*Dreams and History*)一书中，来自不同学科的学者们研究了对梦进行解释的传统，这些传统导致、改变并参与了弗洛伊德的里程碑式的《梦的解析》(*Interpretation of Dreams*)。一些撰写者提出了写作“梦的内容和压抑的文化史”的可能性。其他人则指出了“其他一些时代，男人和女人的私人感知和深刻分歧”的历史。历史学家帕特里夏·克劳福德(Patricia Crawford)在探索现代早期英国女性的梦时，考察了她们如何经常地显露对上帝深切的情感依恋。安妮·巴瑟斯特(Anne Bathurst)在1693年这样写道：“我就像是乳房中被压抑的乳汁，随时准备倾洒并注入你的体内。”巴瑟斯特在这里使用母亲的形象绝非偶然，因为女性深入思考，并梦想着与家庭成员之间建立情感关系。因此，温特沃斯夫人写信给她的儿子说，“夜幕降临时，我比白天快乐得多，因为我梦见和你在一起”。克劳福德认为，这样的梦，被欣赏的读者反复讲述，为女性提供了她们通常所缺乏的声音和权威。[②]

克劳福德并没有把这些女性的梦看作对心理空间的开拓，而是具有现实世界的功能。类似地，罗伯特·卡根(Robert Kagan)关于

---

① Ruby Lal, *Coming of Age in Nineteenth-Century India: The Girl-Child and the Art of Playfulness*, Cambridge, 2013, pp. 5, 34.

② Daniel Pick and Lyndal Roper, eds, *Dreams and History: The Interpretation of Dreams from Ancient Greece to Modern Psychoanalysis*, London, 2004, pp. 4, 93, 97.

生活在16世纪宗教裁判所的西班牙年轻女性卢克丽西亚（Lucrecia）的梦的书，也关注其政治意义——正像卢克丽西娅和她的同时代人事实上所做的那样。在英国和西班牙，做梦的女性发现预言或幻想的声音赋予她们力量。男人同样梦想着政治。或者，至少，研究中世纪的学者保罗·达顿（Paul Dutton）选择了研究“发生在9世纪的不到30个包含政治问题的梦和愿望”。这些梦——主要是由僧侣和神职人员做的梦——告诉同时代人加洛林政治秩序出了什么问题，以及即将到来的可怕惩罚，特别是对罪孽深重的国王的惩罚。

这些做梦者是否有情感并非达顿所关注的事。但早在1981年，102 彼得·丁泽尔巴赫（Peter Dinzelbacher）对中世纪幻想文学的研究，就包含了一小部分关于“情感反应”（Emotional Reactions）的内容。通过考察梦的空间的影响，丁泽尔巴赫发现，早期的幻觉生动地描述了受到威胁或欢乐的场景，而后来的幻觉在背景和感受中变得乏善可陈，但并非所有后来的幻觉都是寡淡无味的。让－克劳德·施密特（Jean-Claude Schmitt）分析了13世纪西多会僧侣理查姆·冯·舍恩塔尔（Richalm von Schöntal）的幻觉，他看到了他和其他人周围到处都是恶魔和天使。这些人居住在修道院里，但只有他能看到和听到他们。理查姆使用高度凝练的情感词汇来描述他的反应，从愤怒、厌倦和悲伤到完全的喜悦。他的全身都被卷入其中，感到疼痛，发出笑声而脸红。但他从道德和精神的角度思考这些体验：恶魔是坏的，天使是好的，他的情感（或者我们称之为他的情感的那些东西）是善良的或罪恶的。在这里，心理、精神、身体和生理空

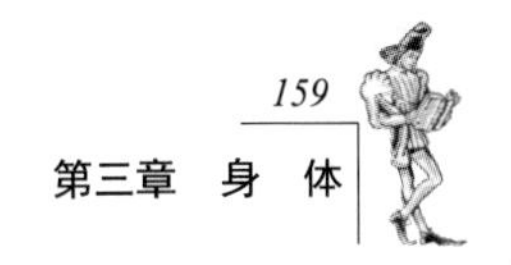

间完全融合在一起。[①]

无论是有界的还是开放的，无论示意动作还是疼痛，无论是在家庭中、法庭上、教堂里还是在城市的街道上，无论是睡着还是醒着，身体都与近来情感史研究的大部分内容有着千丝万缕的联系。未来该领域会发生什么？它将如何发展？它将对其他领域和学科产生什么样的影响？在下一章中，我们将讨论未来的某些机遇和挑战。

① Robert L. Kagan, *Lucrecia's Dreams: Politics and Prophecy in Sixteenth-Century Spain*,Berkeley, 1990; Paul Edward Dutton, *The Politics of Dreaming in the Carolingian Empire*, Lincoln, 1994, pp. 2, 26; Peter Dinzelbacher, *Vision und Visionsliteratur im Mittelalter*（Stuttgart, 1981）, pp. 136–140; Jean-Claude Schmitt, "Demons and the Emotions," in *Tears, Sighs and Laughter: Expressions of Emotions in the Middle Ages*, ed., Per Förnegård, Erika Kihlman, Mia Åkestam and Gunnel Engwall, Stockholm, 2017, pp. 41–63.

第四章

展　望

> 绝对没有理由相信，在大约 13 年后，我们还没有硬件能够复制我的大脑。是的，某些东西仍然是人特有的感觉——创造力、莫名闪现的灵感、同时感到快乐和悲伤的能力，但计算机将有自己的欲望和目标系统。
>
> Y Combinator 公司总裁山姆·奥特曼（Sam Altman），
>
> 引自特德·弗里德（Tad Friend）：《添上一个零》，《纽约客》
>
> （2016 年 10 月 10 日）

虽然我们还没有“能够复制”人类大脑的硬件，但我们已经有了行将影响和表达我们的大脑、思想和心灵的硬件和软件。情感史在现代世界中扮演什么角色？它在未来应该扮演什么角色？本章是我们展望未来、想象新道路的探索。我们把它分为两个主要部分。在第一部分，我们探讨与历史领域及其从业者相关的问题。在第二部分，我们的问题是，情感史的洞见如何正在——也应该——向更广泛的公众传播。

学术壁垒

情感是每个人的话题，并且每个人都对此有一些重要的事情要说。但是，学术界为这种交流设置了障碍。把人文（艺术）和科学相提并论的古老的“艺术和科学”分组法，越来越过时了。历史系和历史书籍本身是按时期划分的——古代、中世纪等等，这些时期已经成为研究、兴趣和专业知识的独立领域。情感史有可能——也有必要——推倒这些壁垒。

104

情感历史与情感科学的结合

在最近一期的跨学科杂志《情感评论》(*Emotion Review*)中，历史学家彼得·斯特恩斯批评了他的同行。情感史家过去常常阅读社会学家、人类学家、心理学家和哲学家的著作，并反过来向这些群体表达自己的看法。但随着情感史的发展，该领域开始转向内部，只向其他历史学家，或者更狭义地说，向特定专业领域（美国历史、现代早期史等等）内的其他历史学家发表意见。迄今为止，“跨学科性”已经意味着与人文学科——音乐、艺术和文学领域的学者互动。现在，科学和历史之间的差距还很大，并且，斯特恩斯总结道，“我确实担心，这可能会给各方造成一些真正的损失”。

例如，关于羞耻感，斯特恩斯认为心理学和社会学家应该对历史方法感兴趣。然而，历史学家并没有被邀请一起工作。为什么？在一定程度上，这是历史学家们自己的过错：斯特恩斯指责说，他们自己从 20 世纪 80 年代以来，没有讨论过羞耻感的历史，回避了

“美国羞耻感开始下降后发生了什么”的问题。但这也是心理学家和社会学家的错，他们的定位是指导我们和我们的育儿实践专家：他们认为不需要历史。如果历史学家完成了他们的工作，让其他人倾听，斯特恩斯相信，我们所有人就会理解为什么今天的羞耻感——内化并转化为自嘲——会产生愤怒和暴力，而在过去（以及今天的一些非西方文化中），羞耻感的作用却是促进社会合作。如果今天的心理学专家阅读历史学家的文章，他们甚至可能会修改其建议。他们将从过去中学到，在他们历史上的某个时刻，美国人如何将那些他们耻于为伍的人重新融入社会，他们可能会将这一知识用作治疗工具。如果他们阅读历史，他们会对羞耻感的持续存在更加敏感，至少在我们社会的某些群体中，羞耻感是一种情感潜流。此外，斯特恩斯认为，自 20 世纪 60 年代以来，羞耻感随着社交媒体的兴起而“卷土重来”。[①]

105

科学家并不总是忽视历史。[②] 但是他们的忽视已经够久了。随着神经科学家（自 21 世纪头 10 年开始）在这一领域占了上风，他们的声音已经超过了其他学科。科尼利厄斯 1996 年出版的情感科学教科书（见第一章）中，有一个关于神经心理学的附录。相比之下，在 2017 年出版的保拉·尼登塔尔（Paula Niedenthal）和弗朗索瓦·里

① Peter N. Stearns, “Shame, and a Challenge for Emotions History,” *Emotion Review* 8/3（2015）: pp. 197–206, at pp. 197-198.

② 例如，比利时心理学研究院（Psychological Sciences Research Institute）的奥利维尔·卢米涅（Olivier Luminet）和他的同事们，邀请本书的一位作者向 2015 年 7 月由心理学家和历史学家共同组成的小组提交了一篇论文。

克（François Ric）的教科书中，这同一主题是作为一整章来处理的。这有助于解释这期《情感评论》中另一篇文章的策略。精神病学家艾德·威格尔兹（Ad Vingerhoets）和精神病医生劳伦·拜尔斯玛（Lauren Bylsma）呼吁跨学科研究，他们制定了一项雄心勃勃的研究计划来理解哭泣。他们想调查哭泣的原因在人的一生中是否发生了变化，性别差异在哭泣中的作用，以及流泪对于哭泣的人和对他或她周围的人的用途。他们呼吁开展"多学科合作"，列出了在他们的项目中应该合作的学科："心理学、精神病学、进化生物学、神经生物学、神经科学、人类学和行为学"。虽然行为学是动物行为学，但严格来说，历史是几个世纪以来人类行为的科学。然而，威格尔兹和拜尔斯玛显然没有想到要包括历史学家。

事实上，历史学家研究过哭泣（见第三章）。虽然威格尔兹和拜尔斯玛知道，现代世界中许多积极和消极的"哭泣前因"，但他们并不认为，在西方历史中，人们的态度是在赞赏眼泪和否定眼泪之间摇摆不定。正如纳吉所展示的，哭泣的能力——比如在教堂的十字架前—— 一度是神智正常的标志，跨越阶级和性别界限。这种观念的衰落始于13世纪的知识精英。两个世纪后，在宗教改革期间，眼泪主要与为原罪悲伤有关，而不是受到保佑的标志。在这一点上，眼泪很少给那些流泪的人带来安慰。在他们的文章中，威格尔兹和拜尔斯玛提出了一个悖论：虽然人们认为"哭泣通常有助于使他们感觉更好一些"，但事实上"哭泣……并不总是能够改善他们的心境"。对于历史学家来说，这并不是什么悖论：即使在今天，眼泪仍然保留着——并继续回响着——与眼泪有关的传统的意义，这些

106

传统一半已经被遗忘，但仍然是强大的。[①]

斯特恩斯给出的历史专业与其他学科产生隔阂的原因之一，是情感历史学家本身的过错。他们看到了自己“在主要历史主题方面的贡献——文艺复兴的性质或特定战争的经历，而不是对一般意义的情感研究领域进行明确地补充”。[②] 一些情感历史学家确实仍然认为，他们是在研究自己的专业所划分的时期。但是，在对威廉·雷迪、芭芭拉·罗森宛恩和彼得·斯特恩斯进行访谈时，伊彦·普兰普尔问道：“情感史未来应该向哪个方向发展?”斯特恩斯认为更多的是“跨学科桥梁”，而雷迪则回答说：“情感史是一种政治、社会和文化史，而不是添加到现有领域中的东西。”罗森宛恩在同年发表的一篇文章中也提到了类似的观点：“正如性别问题现在已经完全融入了知识、政治和社会历史，因此情感研究不应该（最终）形成一个单独的历史小门类，而应该为每一种历史研究提供信息。”[③]

事实上，理想的未来，既包括把情感史融入其他类型的历史，

---

① Paula M. Niedenthal and François Ric, *Psychology of Emotion*, 2nd edn（New York, 2017）; Ad J. J. M. Vingerhoets and Lauren M. Bylsma, “The Riddle of Human Emotional Crying: A Challenge for Emotion Researchers,” *Emotion Review* 8/3（2016）: 207–217, at pp. 210, 211; Nagy, *Le don des larmes*; 关于宗教改革时期的哭泣，参见 Rosenwein, *Generations of Feeling*, pp. 261–274。

② Stearns, “Shame,” p. 197.

③ Jan Plamper, “The History of Emotions: An Interview with William Reddy, Barbara Rosenwein, and Peter Stearns,” *History and Theory* 49（2010）: pp. 237–265, at pp. 265, 249; Barbara H. Rosenwein, “Problems and Methods in the History of Emotions,” *Passions in Context* 1/1（2010）: pp. 1–33, at p. 24, 线上资源 http:// www.passionsincontext.de/index.php/?id=557&L=1。

又包括将其纳入科学研究。我们当然可以看到，历史学家和科学家的兴趣可能会在“情感评论”等网站提供的罕见时刻之外趋于一致。第三章探讨的近来对身体的兴趣，与一些科学家关注感动和感受之间的多重神经通路密切相关。我们说“你的眼泪感动了我”和“你伤害了我”时，（感动和伤害）这两个词可能不仅仅是隐喻。神经科学家大卫·林登（David Linden）最近写到了关于包裹着我们的敏感的外围——我们的皮肤——的情感方面。他清楚地意识到“情境是感官体验的关键”。同样的触摸，来自不同的情人、医生或母亲时，给人的“感受”是不同的。“我们对感官刺激的感知，在很大程度上取决于我们的期望，因为这些期望是由我们当时的生活经验形成的。”历史学家可以将感受的标准、团体、性别、空间和过去的体制等纳入“生活经验”因素之中。然而，在这一点上，科学家对情境的兴趣，远不如他们对探索区分我们多种感官和情感体验的独立神经回路的兴趣。

107

并不是所有这些科学研究，都等同于那些识别大脑中控制特定情感的不同区域的研究。换言之，一些研究人员很好地运用了强调大脑神经网络和生活经验之间相互作用的理论。西里尔·彭纳茨（Cyriel Pennartz）谈到了一个关联网络的“潜在的心理过程，如记忆、注意力、对感官输入的辨别和评判，以及对行为的自主控制”。心理建构主义者莉莎·费尔德曼·巴雷特（Lisa Feldman Barrett）的一本新书，有力地驳斥了她所称的情感“经典观点”，即情感（无论是在身体还是心灵中）是普遍的“触发反应”。它们不是以“愤怒”或“羞耻”等互不相干的单元出现的。山姆·奥特曼在谈到人类“有能力同时感到快乐和悲伤”时，就了解到这一点（请回想一下本章开头的题词）。情感是由人的真实生活体验以及对世界和身体的感知建构起来的。像巴雷特这样的科学家和情感历史学家有很多共同之处。主要的区别在于，历史学家知道这些真实生活的体验既取决于现在，也取决于过去，两者一样多。①

克服分期法

正如斯特恩斯所指出的，历史学家自己将他们的研究领域划分为独立的单元。历史学家必须决定“主修”某一个时期；当他们申请工作时，他们以古典主义者、中世纪研究者或现代主义者的身份自称，他们阅读与其专业领域相关的书籍和文章。情感历史学家在这方面不能完全遵循这种形式。他们必须跟上自己的“领域”，但他们也必须至少阅读一些科学家、人类学家、考古学家和文学理论家的著作。他们必须交叉阅读，即使是在自己的专业之外。这在一定程度上是因为，情感史家仍然必须完善他们的方法、研究路径和假设。但还有另一个更充分的理由：情感是多层次的，这一点也许

108

① David J. Linden, *Touch: The Science of Hand, Heart, and Mind*, New York, 2015, p. 143. 关于单独的神经回路，可参见，例如已经完成的有关负责被称为瘙痒的感觉形态的回路（神经元和非神经元细胞都涉及）的著作，与达斯廷·格林（Dustin Green）和董欣中（Xinzhong Dong，音译）的疼痛回路不同：Dustin Green and Xinzhong Dong, “The Cell Biology of Acute Itch,” *Journal of Cell Biology*, April 25, 2016: pp. 155–161。关于回路之间的相互作用，参见 Cyriel M. A. Pennartz, “Identification and Integration of Sensory Modalities: Neural Basis and Relation to Consciousness,” *Consciousness and Cognition* 18（2009）, pp. 718–739, at p. 718。Lisa Feldman Barrett, *How Emotions are Made: The Secret Life of the Brain*, Boston, 2017.

比其他史学对象更明确。再想想对威格尔兹和拜尔斯玛来说构成如此悖论的哭泣：人们**认为**哭泣能让他们得到安慰，但事实上通常并非如此。哭泣的历史表明，作者们见证了早期的感受、行为和思想模式的痕迹，但如今却令人不安地将其转移到现代环境中。历史学家可能会（在我们看来，应该会这样）说，现代人对哭泣的感受中包含了眼泪的全部历史。事实上，概括而言，情感历史学家可能会说，与过去的“旧的”感受方式相比，并没有“新的现代的”感受方式，倒不如说，今天的情感是过去的感受方式适应现在而产生的混合体。

如果是这样，它模糊了历史“时期”之间的区别。例如，西方文明课程是围绕三个主要时代建立的：古代、中世纪和现代。但是，像情感这样的（研究对象），时期并不是注定不变的（preordained）。我们认为，情感的历史可能——事实上**必然**——有助于推倒这些墙。

当然，历史学家有充分的理由谈论历史时期。他们必须处理静态和变化，并管理这种“分期化”的二元性——也就是说，他们决定一个时代何时结束，另一个时代何时开始。传统观点认为，重大转变证明了新时期标签的合理性。已故的雅克·勒高夫是一位研究中世纪的史家，他反对“中世纪”的概念，但他主张“漫长的中世纪”一直延续到18世纪中期。在那里，他找到了将下一个时期（约1750年至今）称为“现代”时期的理由——主要是工业化。正如勒高夫所说，在1700年代，“有可能把一个时期抛在后面，然后跳到下一个时期”。尽管他修正了历史时期的名称和长度，但这种观点仍然非常传统，认为分期意味着一系列的跳跃与过渡，或者是入口与出口。[1]

109

但这不是唯一的可能性。莱因哈特·科泽勒克（Reinhart Koselleck）关于颠覆分期范畴的论点，涉及了情感史。根据科泽勒克的说法，政治和社会概念包含着过去、现在甚至未来。例如，当我们考虑《独立宣言》中的“平等”概念时，我们不仅需要理解这个词对杰斐逊及其同时代人的意义，还需要在这个意义上看到整个西方传统的历程。此外，《独立宣言》中的平等概念也包含未来，因为当**我们**阅读《独立宣言》时，我们将自己的理解强加给它，这一理解延伸到我们对未来的期望。

科泽勒克看待历史的方式，要求我们修改关于划分时期的想法。如果所有时期都使用由“多个重叠层”组成的复数概念，那么就不会有任何发生变化的时刻。科泽勒克没有考虑情感，但因为情感是“多层次的”，所以它们非常像他提出的“复数概念”。此外，雷迪的“情感表达”与科泽勒克的“复数概念”非常相似，因为每种情感表达，就像一颗微型炸弹爆炸那样，产生多个可能（同时）起作用的意义。雷迪没有详细讨论情感表达的历史维度，但他对浪漫爱情的讨论表明，不管是“现代性”和“工业化”，还是所有其他通常将现在与过去区分开来的事物，都恰恰是浪漫爱情的历史，包括行吟诗人对它的创新使用，在我们这个时代仍能引起共鸣。

① Jacques Le Goff, *Must We Divide History into Periods?* trans. Malcom DeBevoise, New York, 2015 (orig. publ. in French, 2014), p. 112.

罗森宛恩的情感团体概念为这一想法增加了另一个维度。一个情感团体的多种实践、习惯和价值观持续达几百年(有时完全改变,有时重新调整)。斯特恩斯最近关于羞耻感的文章指出了这一点:尽管谈论和体验羞耻感都普遍减少,"但某些群体肯定比其他群体更容易受到当下的羞耻感变化的影响。……(最近的历史研究)可能说明福音派教徒比其他许多群体更有理由和能力保持对羞耻感的重视。更广义地说,情感史确实鼓励对亚文化的追踪和解释"。[①] 在这里,和罗森宛恩一样,斯特恩斯强调,在任何特定时刻都存在多个情感团体。尽管有些情感团体可能彼此完全隔离,但它们通常会相互影响,无论是通过借鉴、抛弃还是(通常)两者都有。

110

情感史表明,历史时期不应该用"走出"(leaving)或"向前跳跃"(leaping forward)这样的词来构想。"穿行"(traveling)是一个更好的比喻,就像人们在逐渐变化的景观中移动。他们穿着一些传统服装,把他们认为需要的东西装在手提箱里;但当他们旅行时,他们也会根据改变后的环境和需求,脱掉一些衣物并添加其他衣物。情感与服装不同,是买不到的。但它们确实可以学习或借用,因此可以补充进来。简言之,情感史家们已经做好了充分的准备,可以指明一些在长途旅行中被携带、补充、调整和扔掉的行李。

---

① Otto Brunner, Werner Conze, and Reinhart Koselleck, eds, *Geschichtliche Grundbegriffe. Historisches Lexikon zur politisch-sozialen Sprache in Deutschland*, 8 vols., Stuttgart, 1972–1992; Stearns, "Shame," p. 202.

学术界内外的传播

情感史已经植根于网络和研究机构之中，尤其是在法国（EMMA）[1]、英国（伦敦玛丽女王大学）、澳大利亚（西澳大利亚大学卓越中心）和德国（马克斯·普朗克研究所），在美国、意大利和其他地方也有数量相当的从业者。情感史启发了几套丛书的出版。[2]这些都是情感史在学术界内成功的标志。然而，成功带来了问题和挑战。从某种意义上说，EMMA 网站本身，已经是成功的一种反应：它完全用法语而不是英语，而所有其他机构和博客都使用英语。这种“英语统治”，部分地是科学家们的遗产，他们的会议和出版物几乎总是使用英语。

然而，在学术背景之外，情感史的影响非常小。这是一个遗

① EMMA 的法文全称为 les émotions au Moyen Âge，字面意思直译为“中世纪的情感”，这是法国学者达米安·博凯等人创立的情感史研究网站。该网站主要创立者的研究，大多集中在中世纪情感史方面，但从该网站内容来看，其情感史研究包括各个历史时期。——译者注

② 关于 EMMA，参见网址：https://emma. hypotheses.org; for Max Planck see https://www.mpib-berlin.mpg. de/en/research/history-of-emotions; 关于玛丽女王中心，参见网址：https://projects.history.qmul.ac.uk/emotions; 关于卓越中心，参见网址：http://www.historyofemotions.org.au。2014 年，帕尔格雷夫·麦克米伦出版社出版了由戴维·莱明斯和威廉·M. 雷迪编辑的“帕尔格雷夫情感史研究”（Palgrave Studies in the History of Emotions）系列丛书中的第一本。该丛书聚焦于 1100 年到现在，到目前为止已出版了十本书。大约在同一时间，牛津大学出版社推出了两个系列，由乌尔特·弗雷弗特编辑的“历史中的情感”（Emotions in History），以及由罗伯特·A. 卡斯特（Robert A. Kaster）和大卫·康斯坦（David Konstan）编辑的“过去的情感”（Emotions of the Past）。前者对从中世纪到现在的研究都是开放的，但迄今为止只涉及中世纪以后的主题。后者研究前现代社会的情感史，包括近东和亚洲的社会。同样在 2014 年，伊利诺伊大学出版社开始出版由彼得·N. 斯特恩斯和苏珊·马特编辑的“情感史”（History of Emotions）系列。这套丛书欢迎涉及各个时间段的著作。

憾。因此，在想象情感史的各个层面都被利用起来的未来时，除了关注其他学科的发现，我们也关注当今文化中两种有影响力的产品——儿童读物和电子游戏，这可能有助于我们窥见这一未来的前景。

111 **成功的挑战**

自 2007 年起，西澳大利亚大学卓越中心在七年内获得了 2425 万美元的政府拨款，用于研究情感史。其他可比的中心也同样受益于慷慨的资助（尽管额度低一些）。怎么解释这种兴趣和金钱的大量投入？后果是什么——或者可能有什么后果？

第一个问题可以很快得到回答。我们（在西方）生活在一个对情感着迷的时代。在 2017 年 4 月的一周内，《纽约时报》有 37 篇文章提到了情感，而 1945 年的同一周内，只有 4 篇此类文章；联合国发起了“幸福日”（Happiness Day）活动。在 2017 年的年度幸福报告中，挪威在“全球幸福度排名”中“名列前茅”。谷歌的词频视图（Ngram Viewer），允许用户搜索 1500—2008 年间印刷资料中的词频，它显示，英语书籍中“情感”一词的使用，在 1920—2000 年间翻了一番多。**为什么**情感成为一种文化迷恋是另一个问题，无疑需要一个更广泛的答案。然而，19 世纪伟大的理论建构或传统宗教观未能解释人类状况，可能是主要原因。情感已经成为一个替代性的解释，解释那些向来被认为必然受到社会、政治或宗教法支配的因素。[①]

---

① 对《纽约时报》中“情感”一词的搜索时间范围，是从 1945 年至 2017 年，日期为 4 月 23 日至 29 日；关于《世界幸福报告》（*World Happiness Report*）；参见网址 http://worldhappiness.report/ed/2017; 关于谷歌词频检索，参见 https://books.google.com/ngrams。

所有这些支持的结果是出版物的大量出现。当如此多的经费被分配给一个领域时，当有那么多人靠这笔钱生活的时候，当研究机构和个人希望继续获得资金时，当出版商需要书籍、期刊需要文章时，人们对新出版物的期望就很高——而且很多。虽然很难不欢迎这一持续增长的领域的所有新贡献，但也确实有许多极不适合组合在一起的碎片。在《一个慢吞吞的教授》（*Slow Professor*）一书中，麦琪·伯格（Maggie Berg）和芭芭拉·K. 西伯（Barbara K. Seeber）认为，这些问题并不局限于情感主题。他们在书中建议一个更加宽松的出版时间表和较少数量的出版物，这本身就有一个情感目的：减轻学术生活的焦虑和压力——对教师和学生都是如此。[①]

112

媒 体

教室之外是文化和体验的所有其他场所。儿童——事实上，我们所有人——从书籍、报纸和杂志、广播和电视节目、音乐、电影和电子游戏中学习。这些媒体中有许多现在都是情感**科学**的有力传播者，无论是隐性的还是显性的。但是，它们的创造者尚未利用情感史提供的新维度和概念工具。

今天的许多儿童读物毫不掩饰地借鉴埃克曼的范式。虽然他们不一定坚持六到七种基本情感（《我感受的方式》[*The Way I Feel*] 有十三种），但他们将每种情感与面部表情（通常还有颜色）联系起来。

① Maggie Berg and Barbara K. Seeber, *The Slow Professor: Challenging the Culture of Speed in the Academy*, Toronto, 2016.

《周一，当下雨时》（*On Monday When It Rained*）非常密切地响应了埃克曼最初的实验，该实验设置了场景，并将场景与一种正确的情感联系起来。例如：“周一，当下雨时，妈妈说我不能在外面玩。我想骑着我崭新的带蓝色喇叭的红色自行车，去我朋友麦琪家。我……”[下一页]“感到失望”……[下一页]一张孩子的“失望”的面部照片。事实上，这个孩子为书中所有的情感摆拍照片。埃克曼的理论也助长了当前对表情符号的狂热，这种无处不在的圆形“面孔”，充斥着我们的社交网络。可能最早是在20世纪60年代发展起来的，它们都被称为“笑脸”（smileys），尽管到目前为止，它们代表着各种各样的情感，而不仅仅是最初的快乐信息。①

除了埃克曼之外，作者们还经常引用认知理论的某些版本。在科妮莉亚·莫德·斯佩尔曼（Cornelia Maude Spelman）的《当我感到害怕时》（*When I Feel Scared*）中，一只小熊列出了所有让它害怕的事情，它说：“当有大而响亮的噪音时，我感到害怕。”同时，图片显示了由此产生的动作，小熊蹲下，用爪子捂住耳朵。后来，它找到了解决恐惧的方法——在母亲的拥抱中，在认真谈论事情时，在了解到每个人都会害怕时。恐惧管理还涉及避开恐惧的来源，因此小熊认为，“我不应该爬得太高，不应该在汽车附近玩耍，

① Janan Cain, *The Way I Feel*, Seattle, Wash., 2000; Cherryl Kachenmeister, *On Monday When It Rained*, photos Tom Berthiaume, New York, 1989, pp. 3-5; 关于解读笑脸时的跨文化困境，参见 Ying-Ting Chuang and Yi-Ting Less, “The Impact of Glocalisation in Website Translation,” in *Translation and Cross-Cultural Communication Studies in the Asia Pacific*, ed. Leong Ko and Ping Chen, Leiden, 2015, pp. 239–260, at pp. 232–237。

也不应该靠近火”。该书是“我感受的方式系列丛书”（The Way I Feel Books）中的一本，它还涉及愤怒、担忧、嫉妒和悲伤（以及其他情感），向家长解释“关于如何识别和处理我们的情感（尤其是那些令人不快或恐惧的情感）的教育，与其他类型的学习一样重要”。[①]

詹姆斯理论的代表是《愤怒的章鱼》（*Angry Octopus*），这是一个自己动手的指南，在该指南中，孩子们被教导“如何使用渐进的肌肉放松和呼吸技巧来平静心情、减小压力和控制愤怒”。罗杰·哈格里夫斯的《快乐先生》（*Mr. Happy*）中，提出了一种社会建构主义观点：主角生活在快乐之乡，每个人都微笑着、快乐着。他遇到了悲惨先生（Mr. Miserable），悲惨先生没有在快乐之乡生活过，一直皱着眉头。发现悲惨先生更喜欢快乐，快乐先生带他到自己的小屋“待了很长一段时间。在这段时间里，最不寻常的事情发生了。因为他住在快乐之乡，悲惨先生慢慢地停止了痛苦，开始快乐起来”。[②]

尽管这些书很有魅力，但必须注意到，埃克曼的面孔、认知理论、詹姆斯主义方法，甚至自主的社会建构主义都是狭隘的、模拟的，对儿童的帮助可能不如作者所希望的那样大。我们不建议这些作者多读历史，但我们建议他们开始像历史学家一样思考，更愿意

① Cornelia Maude Spelman, *When I Feel Scared*, illustrated by Kathy Parkinson, “The Way I Feel Books”, Morton Grove, IL, 2002.

② Lori Lite, *Angry Octopus: A Relaxation Story*, illustrated by Max Stasuyk, Marietta, GA, 2011; Roger Hargreaves, *Mr. Happy*, Los Angeles, 1983.

接受模糊性和多层次的感受。[①]

我们敦促视频游戏制造商也这样做。目前，认知心理学和埃克曼的面孔占据了主导地位。我们简单地从电影开始，因为电影为视频游戏设计师提供了一些最有力的情感表达和唤起技巧。然而，即使是电影也没有利用情感的历史。充其量，电影制作人在拍摄以过去为背景的电影时，会咨询历史学家。例如，1982年，导演丹尼尔·维尼（Daniel Vigne）请求娜塔莉·泽蒙·戴维斯（Natalie Zemon Davis）与他合作拍摄《马丁·盖尔归来》（*The Return of Martin Guerre*，法语名为 *Le Retour de Martin Guerre*），这部电影讲述了一个16世纪的冒名顶替者，冒充不在家的马丁·盖尔，娶了他的妻子，接管了他的财产，并育有一子。然而，和所有导演一样，114 维尼首先是电影制作人，而戴维斯首先是历史学家。电影上映后，戴维斯觉得有必要写一本书，以便更准确地描述这一个案。"为演员而不是读者写作，"她观察到，"对16世纪人们的动机提出了新的问题——比如说，他们是否像关心财产一样关心真相……与此同时，这部电影偏离了历史记录，我发现这令人不安。"准确性和创新性（更不用说票房吸引力）发生冲突，这已经不是第一次了。[②]

在过去的二十年里，电影研究试图揭示电影制作的情感技巧。

① Lynda Madison, *The Feelings Book: The Care and Keeping of Your Emotions*, Middleton, WI, 2013. 这部著作在某些方面提供了一个接近我们所倡导的立场。它面向8—13岁的女孩，主要基于认知理论，认识到不同强度的不同情感同步发生的可能性。然而，它完全无视社会建构主义："记住，在你的感受方式方面，你对自己的所作所为负责。"（第63页）

② Natalie Zemon Davis, *The Return of Martin Guerre*, Cambridge, MA, 1983, p. vii.

他们考虑了几个方面，包括叙事本身的影响；使用特写镜头“解读”（并同情）人物脸上的情感；配乐向观众“暗示”情感的方式；以及电影院和剧院为各种感受提供的安全空间。虽然电影制作人通常依靠自己的情感储备和本能，但评论家们大量（如果不是唯一）利用了对情感的认知观点。因此，用艾米·科普兰（Amy Coplan）的话来说，“认知电影理论已经产生了大量关于观众对叙事虚构电影的情感反应的论著，但几乎所有的理论，都集中在与想象或认知评判有关的复杂情感过程”。在她的理论中，她提议补充“更为原始的情感过程和反应”，即伊莱恩·哈特菲尔德（Elaine Hatfield）等社会心理学家提出的“情感感染”概念。最后，无论是关注认知主义的心理评判和行动准备的看法，还是关注我们周围人的情感具有感染性的观点，电影评论员们都没有考虑过情感史的教益。①

当代电子游戏与电影有许多共同之处。技术和设计方面的惊人进步赋予玩家们独特的电影体验。早在2004年，戴夫·莫里斯(Dave Morris）就观察到，除了美学品质的提高外，视频游戏在内容和“获得深度、美感和情感”方面也在不断改进。在很大程度上，这些都是电影的遗产，尤其是源于它们对人物的关注。正如就职于昆藤梦（Quantic Dream）视频游戏公司的纪尧姆·德·丰达米埃（Guillaume de Fondaumière）所言，“我们的工作就像电影，因为电影在一定程度上取决于角色，最终取决于情感”。从游戏设计师、审核者和评

① Amy Coplan, “Catching Characters’ Emotions: Emotional Contagion Responses to Narrative Fiction Film,” *Film Studies* 8（2006）: pp. 26–38, at p. 26.

论员最初思考游戏的电子和技术特征到“游戏体验”，情感成为游戏的核心。电子游戏创作者是如何激发玩家的情感的？他们是如何让玩家参与体验屏幕上角色的生命（和死亡）的？视频游戏的叙事维度和玩家的强烈代入意识，是必不可少的工具。事实上，正如伯纳德·佩隆（Bernard Perron）和费利克斯·施罗德（Felix Schröter）尖锐地指出的那样，“正是在电子游戏和叙事的话语变得更加重要的时候，电子游戏中的情感才开始成为游戏和设计研究中的一个关键话题”。①

这场讨论是不久前开始的。早在2000年，史蒂文·普尔（Steven Poole）就希望电子游戏“尝试扩大情感互动影响的细微差别”。要做到这一点，他们需要“一个游戏系统，即使玩家们做出了非常愚蠢的决定，也能创造出一个有趣、引人回忆的故事，这是一个巨大的，也许是无法克服的挑战”。② 这一挑战迅速使视频游戏的叙事和游戏性都有了巨大的改进。但玩家的代入感是否超越了那些“愚蠢的决定”？这些进步是否增强了玩家的情感体验？

假设，游戏开发者和专家可以自由地利用多种不同的情感和情

---

① Dave Morris, “Introduction to this New Edition,” in Andrew Rollings and Dave Morris, *Game Architecture and Design: A New Edition* , Indianapolis, 2004, p. 2; 杰米·拉塞尔引用纪尧姆·德·丰达米埃在2010年的采访：Jamie Russell, *Generation Xbox: How Video Games Invaded Hollywood* , Lewes, East Sussex, 2012, p. 244; Bernard Perron and Felix Schröter, “Introduction: Video Games, Cognition, Affect, and Emotion,” in *Video Games and the Mind: Essays on Cognition, Affect and Emotion*, ed. Bernard Perron and Felix Schröter, Jefferson, NC, 2016, pp.1–11, at pp. 2, 4。

② Steven Poole, *Trigger Happy: Videogames and the Entertainment Revolution*, New York, 2000, p. 225.

感理论。事实上，他们只限于少数人。拥有斯坦福大学心理学背景的妮可·拉扎罗（Nicole Lazzaro），于 1992 年创立了 XEO 设计有限公司（XEO Design）。她将自己描述为“第一个使用面部表情来衡量玩家体验的人”。拉扎罗的团队深受埃克曼的影响，于 2004 年建立了一个实用模型——“（产生）乐趣的四个关键”，帮助游戏开发人员设计情感，以增强玩家体验。她的公司网站宣称：“从数百名玩家的面部表情中提出看法，这项引领潮流的研究为游戏化（gamification）奠定了基础”。她的研究确定了 30 多种情感，这些情感反映了一年前发表在埃克曼《流露的情感》（*Emotions Revealed*）一书中的“基本情感”列表的扩展情况。拉扎罗是在 2004 年写这篇文章的，但即使在今天，主导视频游戏情感概念框架的仍是埃克曼。埃里克·格斯林（Erik Geslin）是 2016 年设立的“情感游戏奖”的其中一名评审员，他自称是“视频游戏和虚拟现实中的情感感应”专家，持有保罗·埃克曼集团开发的面部动作编码系统（FACS，Facial Action Coding System）的编码专家认证。①

116

正如大卫·弗里曼（David Freeman）所说，其他视频游戏顾问借鉴了“生活本身”。弗里曼利用自己的编剧背景，开发了一些技术——统称为情感工程（Emotioneering），这是一个将情感和工程结

① 参见网址：http://www.nicolelazzaro.com/the4-keys-to-fun; Nicole Lazzaro, “Why We Play Games: Four Keys to More Emotion in Player Experiences”, 2004, online at http://xeodesign.com/xeodesign_whywe- playgames.pdf。参见 Paul Ekman, *Emotions Revealed: Recognizing Faces and Feelings to Improve Communication and Emotional Life*, 2nd ed., New York, 2007。关于格斯林，参见网址：http://erikges.com。

合起来的新词，通过唤起情感的角色和故事来创造情感游戏。弗里曼的网站向视频游戏从业者们宣传他的专业知识，他解释说，当游戏在情感上具有吸引力时，“他们会获得更好的玩家口碑”。他接着列举了更多的优势：更好的新闻报道，更高的销售额，甚至更快乐的员工队伍，因为正如他所说，游戏开发者将“为他们的工作注入更多热情”。情感工程提供32个类别的300种技巧。例如，它的“第一人称深化技术”（First-Person Deepening Techniques），采用了让玩家角色处于在情感上难以抉择的状态的方法。它的“情节深化技术”（Plot Deepening Techniques），规定了创造强烈情感叙事的方法。[①]

在《电子游戏与心灵》（*Video Games and the Mind*）中，佩隆和施罗德批评了弗里曼和其他情感游戏设计理论家，因为他们“未能从理论上为情感概念奠定基础”。他们认为更为晚近的游戏理论更加可靠，因为它与电影理论一样，借鉴了认知理论。他们的乐观有很充分的理由：视频游戏开发商过去主要关注游戏所需的动作和互动中涉及的情感，导致他们主要考虑兴奋和娱乐。但开发者们想要的更多，受到电影启发，他们发现更有吸引力的、更具情感上的参与感的故事是更好的。在这一发展之后，佩隆和施罗德将电影理论家的认知主义方法应用于游戏。用他们的话来说，认知主义“提供了对身份认同、移情或心境等充满争议的概念的最全面的描述”，并且“很容易将游戏等互动产品引发的情感理论化”。此外，由于游戏

① David Freeman, *Creating Emotion in Games: The Craft and Art of Emotioneering*, Indianapolis, 2003, p. 10; 另见弗里曼的很多网站，例如：www.freemangames.com and www. beyondstructure.com。

直接调动身体——凯瑟琳·伊斯比斯特（Katherine Isbister）在其新书《游戏如何打动我们》（*How Games Moves Us*）中，详尽地论述了这一点——佩隆和施罗德认为，“最近，认知论媒体研究中的**身体转向**（body turn）使这项研究更加适合描述玩电子游戏的复杂方式”。至少，这些方式涉及键盘、鼠标和游戏板上的手臂、手和手腕；或者他们在运动游戏中使用整个身体。总之，佩隆和施罗德将“认知论游戏研究”称作他们书中所有撰稿者的集体努力，其最大的优点是它“不会将自己与其他范式隔离开来——例如，游戏与玩耍的文化研究、关于玩家和游戏的哲学和现象学观点，或情动和情感的实证研究”。然而，不言而喻，情感史并没有被邀请参加这场盛宴。[①]

117

如果说有一款游戏包含了游戏性、叙事、玩家代入感、同理心、道德评价和情感参与等所有问题，那么它就是由非理性游戏公司（Irrational Games）开发的非常成功的《生化奇兵》（*Bio-Shock*），由 2K 出版社出版，并于 2007 年发行。这款游戏讲述了杰克在反乌托邦水下城市极乐城中幸存的种种经历的故事,《生化奇兵》要求玩家做出选择：通过“获取”他们所需要的年轻女孩所携带的物质，以获得额外的人类能力，或者放过这些小姐妹们，因为残酷的夺取会导致她们死亡。最终，这一选择——在整个视频游戏中反

① Perron and Schröter, “Introduction,” 4, pp. 7–8; 也可参见 Bernard Perron, “A Cognitive Psychological Approach to Gameplay Emotions,” *Proceedings of DiGRA 2005 Conference: Changing Views – Worlds in Play*（2005）, 3, 网络资源：http://www. digra.org/digital-library/publications/a-cognitive-psychological- approach-to-gameplay-emotions; Katherine Isbister, *How Games Move Us: Emotion by Design*, Cambridge, MA, 2016, p. xviii。

复出现——导致了三种不同的结局：在最后的剪辑场景中，如果玩家放过了所有的小姐妹，其中一个角色的声音表示赞许；如果玩家夺取了全部物质，则表示愤怒；如果玩家放过了少数一些，夺取其余的一些，那将是一种悲哀。拯救所有小姐妹的奖品是“一个家庭”，因为已经长大成人、受过教育并结了婚的年轻女孩们，把手放在杰克（玩家的化身）的手中，显然是在他临终前。苏珊娜·艾希纳（Susanne Eichner）对电子游戏中的儿童角色的研究认为，他们的功能“与其说是允许身份识别过程，不如说是能够进行移情反应，从同情、关心、担心和失落感，到父母对角色的关心，这反过来可能会影响游戏的整体情感氛围”。在看待小姐妹们方面，艾希纳注意到玩家如何“面对一系列电影惯例，如睁大眼睛的面部特写镜头、惊恐的面孔，或者反复出现的孤独女孩挤在一起哭泣的形象”，这是一套表达童年天真逻辑的公式（见插图 8）。如果我们考虑一下哲学讲师兼游戏玩家格兰特·塔维诺（Grant Tavinor）对他个人游戏体验的看法，很明显，《生化奇兵》的开发人员一语中的：“我无法让我自己去夺取小姐妹（携带的物质），事实上这样做的后果让我感到不安。因此，我救了她，这一行动伴随着突然强烈的背景音乐和我自己的情感。”塔维诺甚至声称，游戏突出了“关于自由意志和道德的思考”。[①]

118

是时候停下来深入思考这些问题了。电子游戏是一个封闭的系

① Susanne Eichner, “Representing Childhood, Triggering Emotions: Child Characters in Video Games,” in *Video Games and the Mind*, pp. 174–188, at pp. 175, 182; Grant Tavinor, “*BioShock* and the Art of Rapture,” *Philosophy and Literature* 33 (2009): pp. 91–106, at pp. 92, 98.

插图 8 《生化奇兵》截屏图片（2007）

这是《生化奇兵》最后一幕的游戏内小电影（或称非互动环节）截图，图中这位小姐妹——她的脸显示出某些电影的惯用手法——把通往极乐城（Rapture）的钥匙交给杰克。在这个“大团圆”结局中，杰克拒绝了钥匙，而其中一个角色特南鲍姆博士的画外音充满了感激之情。

统，其规则从一开始就由创作者设定。玩家通过这些规则，完成游戏并到达终点。结局是预先确定的，无论玩家做什么或选择什么，都不会有真正的后果，除了那些制作视频游戏的人所决定的后果。如果玩家的化身死亡，他将（无休止地）复活以再次尝试游戏。无论他夺取还是没有夺取，结果仍然是游戏的结束。《生化奇兵》中唯一的“怪癖”，是每个结尾的基调略有不同。这就是为什么罗伯特·杰克逊（Robert Jackson）将关于夺取或不夺取的决定称为“强制性选择”。玩家做出的任何选择都是“功能性的”：它会让玩家走到游戏结束。评论家们赞赏《生化奇兵》中玩家的“代入感”，正如我们所看到的，塔夫纳称赞它的道德价值，但杰克逊的观察颠覆了这种赞扬：游戏是一个完全由制作者而不是玩家控制的建构系统。杰克逊问道：“在游戏中，一个玩家的行为总是已经被预先决定，那他如何做出决定呢？更别说如何解释、干预或者改变这一体系？”对于《生化奇兵》创始人肯·莱文（Ken Levine）所声称的，他“给了玩家控制权”的说法，杰克逊的回答具有决定性意义：“至关重要的是，莱文和游戏设计师发现自己处于摇摆不定的境地：他们给了玩家控制权，而玩家没有任何实际的选择自由。”①

电子游戏创作者的真正控制权，反映了他们的政治和理想。它延伸到在游戏中表达和在玩家中激发的情感。玩家可以获得的些许感受，无意中暴露了创作者自己有限的情感想象力。我们的意思与

① Robert Jackson, *BioShock: Decision, Forced Choice and Propaganda*, Winchester, 2013, chap. 3.

其说是批评，不如说是一个**解放**的建议。在一次采访中，肯·莱文说："我天生就有一个抑郁、焦虑的**大脑**。所以我充满了遗憾。我带着遗憾说，'我将来怎么能做得更好?'"这里关于情感的假设——它们是在大脑中的，它们是简简单单的，会导致行动——是认知主义理论家的假设。他们是当下主义者（presentist）和普遍主义者。[①]

119

但他们为什么不应该这样呢？因为游戏不**仅仅**是游戏。就像儿童读物一样，他们描述和激发的情感为我们提供了思考、理解和感受情感的模型。**这些模型的局限性，就是我们自身的局限性**。现在，我们被教导以一种"正常""正确"的方式，来表达我们感受到的情感。这些情感被贴上了简单的标签：幸福、恐惧、愤怒等等。在我们所拥有的各种感受中——所有的矛盾心理、情感表达和历史，我们正在学习选择**一种**表达方式，我们正在学习把自己视为以**一种方式**来感受。这伤害到我们，使我们的思想库和理解受到如此多的限制。

神经心理学家丽莎·费尔德曼·巴雷特（Lisa Feldman Barrett）最近写了一本关于大脑的"秘密生活"的书，挑战了"经典观点"，即情感是普遍存在的，它们是硬件性的反应，每种反应都是由大脑中的特定"电路"引起的，等等。"我们需要一种关于情感是什么，以及它们来自何处的新理论。"[②] 所以，正像巴雷特倚重科学一样，

① Chris Suellentrop, "Inside the Making of 'BioShock' Series with Creator Ken Levine," 网络资源：http://www.rollingstone.com/ culture/news/we-were-all-miserable-inside-bioshock-video-game-franchise-w439921（黑体为本书所加）。

② Barrett, *How Emotions are Made*, p. 24.

我们通过探究情感的**历史**来揭示它们的“秘密生活”。我们知道情感包含着过去、现在和未来的含义；它们不是一回事（没有单一的一种“愤怒”，没有单一的一种“恐惧”）；它们不仅通过“身体”（正如达尔文已经说过的）来表达，而是通过随着时间推移变成习惯的身体实践来表达；对于不同的团体来说它们是不同的；等等。

让我们直言不讳。我们相信，是时候彻底改变我们对情感生活的看法了。现在是教育者、政治家、宗教领袖、家长和媒体创作者思考情感史的时候了。他们是传播知识、共识和为有关人类状况和社会提供建议的人。这不是理论上的；它与我们的实际生活息息相关。当我们的朋友说“我很高兴”时，我们不必指望他的脸上会带着微笑。反过来，如果我们的朋友微笑着一句话也不说，我们不能简单地推断他是幸福的。我们知道，他的幸福——甚至是他对幸福的宣称——是一个与现代社会的期望有关的、相对新的现象。我们知道，那古老的经济独立的含义，以及古老的天堂般幸福的概念，都存在于其中。我们认为他的快乐不是纯粹的——这是一系列更大的感受中的一部分，我们的朋友可能会在适当的时候（把他的感受）宣示出来，或者自己保留。我们也知道，我们对这种幸福的充分理解，取决于我们的朋友习惯于如何表达他的感受；这是他反复实践的一部分。同样，当我们的孩子说“我不开心”时，我们会让她不要皱着眉头；我们不认为她的“不开心”一词就是故事的结尾；我们知道，她的眼泪可能会给她带来更多的痛苦，但也会带来快乐；我们期望她会慢慢地表达其他感受。当我们坠入爱河，当我们的身体渴望触摸——但又害怕触摸——我们的爱人时，我们知道，在这

120

种渴望的所有期望中，包含着爱的许多含义的悠久历史。在我们的爱情中，有它与欲望、牺牲和爱情的排他性的浪漫观念的古老联系。当爱伴随着愤怒、恐惧，或者忧郁，甚至看似的冷漠时，我们并不感到惊讶。

我们都知道，我们的感受是多么强大、深刻和复杂。情感的历史帮助我们了解为什么以及何以如此。当它扩展到我们理解和体验日常情感的方式时，它也有可能帮助我们更好地关注那些困扰我们的情感。

结　语

在一天结束时，大多数人都要戴上面具。只有在表演中，人们才能真正地把面具摘下来。

约翰·拉尔，引自维奥拉·戴维斯：《优雅的表演》（“Act of Grace”）《纽约客》（2016 年 12 月 19 日和 26 日），第 64 版

我们已经说过，根据情感的历史，我们自己的情感生活将得到改善，或者至少变得更容易理解和愉悦。即便如此，令人不安的问题依然存在：情感史家们在刨根问底时，是否在谈论**真实的**情感？他们能说些关于情感体验的任何有真实效用的话吗？

1762 年，托马斯·杰斐逊在给他的朋友、弗吉尼亚州的政治家约翰·佩奇的信中，幽默地讲述了他的许多不幸：老鼠吃掉了他的钱包，屋顶上一个裂缝的漏水洇毁了他的手表，并毁掉了一位年轻女子的肖像，他或多或少地爱上了她。在总结时，他问道：“这个世界上有幸福吗？没有。”这番话出自一个将要在 13 年后写下追求幸

福是人类不可剥夺的权利的人！我们是否一定认为杰斐逊在信中说的“不幸福”，更不用说他在《独立宣言》中所说的“幸福”，并非“真实的”情感？[①]

什么使得一种情感真实或不真实呢？今天，我们有各种“测试”来确定“真实性”。电视节目《对我撒谎》（*Lie to Me*）借鉴了保罗·埃克曼的著作，声称一个人的脸揭示了他或她的真实感受。一些科学家声称，对大脑进行功能磁共振成像扫描（fMRI scans）能告诉我们情感的位置。据说心率和皮肤电导测试会泄露情感。无论这些情感信号多么真实有效，它们都不是情感。从这个意义上说，它们就像文字一样，同样是与情感有关的，但又不是情感本身。此外，正如我们所看到的，没有任何情感是单一的事物，而是承载着各种可能性，包括表面看来与之对立的事物。当维奥拉·戴维斯（Viola Davis）说人们只有在表演中才能摘下面具时，她实际上是在说，使人相信（make-believe）是情感最真实的所在。即使我们生活在一个被真实性和真诚问题困扰的时代，我们也永远不会知道一种情感是否真实。问这个问题对我们来说毫无意义。

122

历史学家无法扫描大脑，也无法测量受试者的皮肤电导水平，即使他们可以，他们也看不到“真情实感”。但历史学家**能够**拷问语境。就幸福这个例子而言，他们可以收集这个观念，或者说更是概念在一个给定的时期内的其他例子——这个词包含了它的所有分支

① Thomas Jefferson, *Letter to John Page*, December 25, 1762, in *The Letters of Thomas Jefferson*, The Avalon Project, Yale University, 网络资源：http://avalon.law.yale.edu/18th_century/let2.asp。

和含义。我们已经简要介绍了杰斐逊所处环境中的幸福。德迪亚伯爵夫人（La Comtessa de Dia）是一位诗人和音乐家，这里是她创作于 1180 年代的诗：

> 真正的快乐带给我愉悦
> 让我更开心地歌唱。[①]

我们应该相信她的“真正的快乐”是真实的吗？她的公开说法是这样的。尽管如此，我们还是应该考虑她声明这一点的原因：她想取悦我们；她想用她的诗歌技巧给我们留下深刻印象；她想找资助者。我们不能说她的快乐**对她来说**是真实的还是不真实的。但是，既然我们可以阅读伯爵夫人所处的时代和地方的其他诗人、音乐家以及神学家和哲学家（以及不那么尊贵的作品），我们可以非常肯定地说，她和她的同时代人，就像我们一样，想象有一种人们可以感受到的“真正的快乐”，尽管它可能不会以微笑表达出来，人们**曾经**认为它时不时地通过欢乐的歌曲表达出来。因此，即使“真实”的问题成了一个死结，我们对于伯爵夫人的情感也可以了解很多。

即便我们只看到情感的转瞬即逝的影响，我们也知道它们是存在的——而且是强大的。如果说难以研究它们，那是因为它们是很

123

① La Comtessa de Dia, “Fin joi me don’ alegransa,” in *Troubadour Poems from the South of France*, trans. William D. Paden and Frances Freeman Paden, Woodbridge, 2007, p. 111.

多种事物：实践、沟通方式、说服方式、行动的决定因素、思维的决定因素，还有更多。这些都是历史学家很在行的研究。然而，研究中世纪的学者吕迪格·施内尔（Rüdiger Schnell）认为，从历史角度研究情感是一种自相矛盾的说法。在他看来，情感只存在于活着的人身上，因此它必定是与“有血有肉”的人打交道的专家——心理学家、神经生理学家、社会学家和哲学家的研究领域。施内尔说，历史资料受到太多限制，以致无法了解“真实”的情感。①

这个看法说不通。当目标是获得“真实”情感时，任何情感史料和研究——无论是关于过去还是现在——都是有限的。这是因为，像希格斯玻色子（Higgs boson）一样，他者只能间接地了解情感。我们了解（或自认为了解）自己的感受。但如果不是间接的，他者如何能够了解我们的感受呢？玻色子在所有物质中都能显现出来（这就是为什么它首先被理论化），但只有当它变成其他粒子时，它的存在才能被确定。情感通过思想、身体变化、言语、实践和行为来展现自身。所有这些都是历史研究的主题，都揭示了这一主题。

此外，正如本书不厌其烦地指出的那样，**脱离**情感的历史，我们就无法真正理解自己的情感。情感的历史提供了新的方法来接近、评判甚至定义它们。以情感规约方法研究恐惧，有助于解释9·11事件后美国的安全和监控措施。情感避难所的概念，为我们理解法国大革命的原因和最终结果提供了新的途径。情感团体带来一

---

① Rüdiger Schnell, *Haben Gefühle eine Geschichte? Aporien einer, History of emotions*, 2 vols., Göttingen, 2015.

种新的方式看待17世纪英格兰平等派的出现，他们利用激进的新教教会的情感和实践，制定了一项强调自由和幸福的政治规划。表演方法可以解释以前被评判为“冲动”的行为。如果“什么是情感史?”有一个答案的话，它一定是一场持续的讨论，讨论情感在人类历史中不断上演的戏剧和我们自己在生活中所扮演的——并将继续扮演的——角色的多种方式。 124

这并不意味着前方没有问题或挑战。但在此结语中，我们希望总结一下该领域所取得的成就。新的心理学理论强调情感的社会和认知起源，受此启发，一些历史学家创造出新的史学理论，通过情感标准、情感体制、情感团体和情感表演分析社会及其变化。前三种方法倾向于优先考虑书面史料，而不是其他种类的历史证据，他们更多地关注文字——建议、批评和规范——而不是身体。但第四种方法在依赖书面文本的同时，也强调了身体(特别是统治者的身体)在表达情感并由此维系政治控制方面所起的作用。

很快地，许多历史学家对强调文本和词语感到不满。他们对身体产生了兴趣，就像医生面对身体那样，处理疼痛，或者展示性别。有些学者并不否认词语的重要性，但他们希望历史学家收集其他类型的材料，并在这些材料的基础上，富有想象力地思考身体如何参与词语的产生、伴随词语的示意动作以及它们所暗含的表演。其他学者则将空间的使用加入这种混合方法中，要求历史学家思考场所和空间在创造、塑造和表达情感方面的意义。还有一些人被情动理论说服，认为历史学家可能完全不用词语，仅仅依靠空间的影响即可。最近，历史学家探索了当词语不存在或几乎不存在时，物体本身如何被视为在

情感层面上与其他（人类）身体互动的“身体”。有些人使用文本，即使它们的侧重点是图像。另一些学者将物品放到更大的文化语境中，记录它们表达和唤起的情感。

这一领域的主要目标是——而且应该是——打破两极对立。其中的一个对立是科学家和历史学家之间的裂痕，这是难以想象的裂痕。因为人文和科学领域的学者都对情感的起源和意义感兴趣。当心理建构主义者谈论概念化时，他们思考的是周围历史背景的生物效应。另一种二元对立则倾向于实践而不是文本，似乎它们可以分开。从本书中可以明显看出，情感史依赖于文本（一般而言是这样，见第二章中考察的研究方法），并对这种依赖做出反应（如第三章中的研究方法）。然而，当罗森宛恩谈及15世纪的统治者进入勃艮第公爵领地的“欢乐降临”（joyous advent）时，她将其视为一种旨在产生欢乐的“实践”；当舍尔描述18世纪英国卫理公会教徒的“身体化的实践”时，她主要通过阅读文本，例如约翰·韦斯利（John Wesley）的布道，来发掘这些实践。示意动作和词语最终都是文化的产物；未来的历史学家不需要——最好不要——厚此薄彼。同样，物质文化也不能脱离其语境：有人制造了物品，有人使用了它，有人受到了它的影响。如果说这个物体本身仍然存在，但它却并非完全是原来那件物体了，它的意义也不一样了。解释物体或文本需要付出同样的努力和面临相似的问题。正如“男性”和“女性”等概念正在被质疑和超越一样，“词语”和“身体”也不应该被本质化。两者都是言语形式，同时也是实践形式。类似地，心理学家和情感史家正在努力超越另一种二元结构：在我们的文化中根深蒂固的身

125

心二元论。它之所以特别持久，部分原因是它有许多伪装，包括理性与情感的对立，意向与自主性的冲突，克制与冲动的不相容。这些对立看上去很自然，因为它们植根于我们的语法之中。然而，我们不能想象，克服二元论的方法一直从整体论入手。身心、情感和理性之间的关系，可能要复杂得多。居里·维拉格（Curie Virág）指出，在战国时期（公元前475—前221）的中国，情感被理解为**不同于**认知，而对认知的形成至关重要。此外，身体——尤其是心脏——是“认知和情感的场所”。在这一时期的中国主流思想中，“我们发现这两种功能之间存在张力，但同时也认为最高水平的伦理成就必须使它们协调一致”。在13世纪的西方，学者神学家托马斯·阿奎那也是如此，认为情感是完善美德的必要条件。这些思想家谈论的不是整体论，而是联系和连续性。[1] 126

本领域正在超越文本、实践、身体、物体和空间的界限区分。情感使这些界限重叠交织在一起，在我们生活的每一个关头，情感都会渗透其中，它会随着时间的推移改变形式，但仍会固守旧的习惯。揭示这种复杂性是情感史的任务，所有人都会从这种历史中受益。

---

① 关于镶嵌在语法中的概念，参见 George Lakoff, *Women, Fire, and Dangerous Things: What Categories Reveal about the Mind*, Chicago, 1987。有关中国的研究，参见 Curie Virág, “The Intelligence of Emotions? Debates over the Structure of Moral Life in Early China,” in *Histoire intellectuelle des* émotions, pp. 83–109, at p. 88, 网络资源：https://acrh.revues.org/6721。关于托马斯·阿奎那，参见 Rosenwein, *Generations of Feeling*, p. 162。关于连续性的研究，参见 Bynum, “Why All the Fuss about the Body?”

精选阅读书目

基本理论

这一领域的重要著作大部分已在注释中提及，包括 Jan Plamper, *The History of Emotions: An Introduction*, trans. Keith Tribe（Oxford, 2015）; Monique Scheer, "Are Emotions a Kind of Practice（and Is That What Makes Them Have a History）? A Bourdieuian Approach to Understanding Emotion," *History and Theory* 51（2012）: 193–220; Thomas Dixon, *From Passions to Emotions: The Creation of a Secular Psychological Category*（Cambridge, 2003）; Barbara H. Rosenwein, "Worrying about Emotions in History," *American Historical Review* 107（2002）: 821–845; William M. Reddy, *The Navigation of Feeling: A Framework for the History of Emotions*（Cambridge, 2001）; Gerd Althoff, "Empörung, Tränen, Zerknirschung. 'Emotionen' in der öffentlichen Kommunikation des Mittelalters," *Frühmittelalterliche Studien* 30（1996）: 60–79; Catherine A. Lutz, *Unnatural Emotions: Everyday Sentiments on a Micronesian Atoll and Their Challenge*

to Western Theory（Chicago, 1988）; Peter N. Stearns and Carol Z. Stearns, "Emo- tionology: Clarifying the History of Emotions and Emotional Standards," *American Historical Review* 90/4（1985）: 813–836。

第一章 科 学

Paula M. Niedenthal and François Ric, *Psychology of Emotion*, 2nd edn（New York, 2017）; Lisa Feldman Barrett, *How Emotions are Made: The Secret Life of the Brain*（Boston, 2017）. 以上两部著作的导言非常重要。Catharine Abell and Joel Smith, eds, *The Expression of Emotion: Philosophical, Psychological and Legal Perspectives*（Cambridge, 2016）. Dacher Keltner, Daniel Cordaro, Alan Fridlung, and Jim Russel, *The Great Expressions Debate=Emotion Researcher*（2015），网络资源：http://emotionresearcher.com/wp-content/ uploads/2015/08/Final-PDFs-of-Facial-Expressions-Issue- August-2015.pdf.

有关情感社会学的著作，参考阅读 Jan E. Stets and Jonathan H. Turner, eds, *Handbook of the Sociology of Emotions*, 2 vols（New York, 2008, 2014）。关于情感人类学，参考阅读 Catherine Lutz and Geoffrey M. White, "The Anthropology of Emotions," *Annual Review of Anthropology* 15（1986）: 405–436。

有关情感管理与情感劳动的更多研究，参见 Alicia Grandey and James Diefendorff, eds, *Emotional Labor in the 21st Century: Diverse*

Perspectives on the Psychology of Emotion Regulation at Work（New York, 2012）。

第二章　研究方法

更多相关介绍，参见有关现代世界的研究，Susan Broomhall, ed., *Early Modern Emotions: An Introduction*（London, 2017）；通史性的研究，Alessandro Arcangeli and Tiziana Plebani, eds, *Emozioni, passioni, sentimenti: per una possibile storia = Rivista Storica Italiana* 128/2（2016）：472–715. 简要了解研究概况，可选择某些情感的历史。Ute Frevert, "The History of Emotions," in *Handbook of Emotions*, ed. Lisa Feldman Barrett, Michael Lewis, and Jeannette M. Haviland-Jones, 4th eds.,（New York, 2016）, 49–65. 一位修辞学教授的总结，参见 Daniel M. Gross, *The Secret History of Emotion: From Aristotle's* Rhetoric *to Modern Brain Science*（Chicago, 2006）。

专门研究人脸表情的情感史著作，参见 Stephanie Downes and Stephanie Trigg, eds, *Facing Up to the History of Emotions = Postmedieval: A Journal of Medieval Cultural* Studies 8/1（2017）, 网络资源：http://link.springer.com/journal/41280/8/1/page/1。

有关情感理论发展史的研究，参见 Rob Boddice, *The Science of Sympathy: Morality, Evolution, and Victorian Civilization*（Champaign, 2016）; Martin Pickavé and Lisa Shapiro, eds, *Emotion and Cognitive Life in Medieval and Early Modern Philosophy*（Oxford,

2012）; Dominik Perler, *Transformationen der Gefühle: Philosophische Emotionstheorien 1270–1670*（Frankfurt am Main, 2011）; Peter Goldie, ed., *The Oxford Handbook of Philosophy of Emotion*（Oxford, 2009）; Keith Oatley, *Emotions: A Brief History*（Oxford, 2004）; Henrik Lagerlund and Mikko Yrjösuuri, eds, *Emotions and Choice from Boethius to Descartes*（Dordrecht, 2002 [rpt. 2008]）。

1980年代以前有关过去情感生活（而非情感理论）研究的例子，参见 Jean Delumeau, *Sin and Fear: The Emergence of a Western Guilt Culture, 13th–18th Centuries*, trans. Eric Nicholson（New York, 1990 [orig. publ. in French, 1983]）。与费弗尔、赫伊津哈和埃利亚斯的范式不同（在当时很不寻常）的研究是 Hans Medick and David Warren Sabean, eds, *Interest and Emotion: Essays on the Study of Family and Kinship*（Cambridge, 1984）。埃利亚斯继续发挥着巨大的影响力，见 David Lemmings and Ann Brooks, eds, *Emotions and Social Change: Historical and Sociological Perspectives*（New York, 2014）。

有关心理史的研究，参见 Saul Friedländer, *History and Psychoanalysis: An Inquiry into the Possibilities and Limits of Psychohistory*, trans. Susan Suleiman（New York, 1978 [orig. publ. in German, 1975]）。

关于情感词语，参见 Kyra Giorgi, *Emotions, Language and Identity on the Margins of Europe*（London, 2014）。

有关情感理论嵌入自身历史背景的方式的研究，参见 Frank Biess and Daniel M. Gross, eds, *Science and Emotions after 1945: A Transatlantic Perspective*（Chicago, 2014）。

对表演方法的批评，主要集中于反对仪式化的情感这一观念。参考阅读 Philippe Buc, *The Dangers of Ritual: Between Early Medieval Texts and Social Scientific Theory*（Princeton, 2001），这本书批评在史料中解读仪式。Peter Dinzelbacher, *Warum weint der König?: Eine Kritik des mediävistischen Panritualismus*（Badenweiler, 2009），这本书反对把情感的爆发简单化为表演。

关于各种主题的专门研究：

关于具体情感的研究

愤怒 Barbara H. Rosenwein, ed., *Anger's Past: The Social Uses of an Emotion in the Middle Ages*（Ithaca, 1998）.

同情 Margrit Pernau, ed., *Feeling Communities = The Indian Economic and social History Review* 54/1（2017）.

厌恶 Donald Lateiner and Dimos Spatharas, eds, *The Ancient Emotion of Disgust*（Oxford, 2016）.

恐惧 Joanna Bourke, *Fear: A Cultural History*（Emeryville, CA, 2005）.

幸福 Darrin M. McMahon, *Happiness: A History*（New York, 2006）.

羞耻 Peter N. Stearns, *Shame: A Brief History*（Urbana, 2017）.

概述类研究

Laura Kounine and Michael Ostling, eds, *Emotions in the History of Witchcraft*（London, 2016）; Susan Broomhall and Sarah Finn, eds,

Violence and Emotions in Early Modern Europe（London, 2016）; Erika Kuijpers and Cornelis van der Haven, eds, *Battlefield Emotions 1500–1800: Practices, Experience, Imagination*（London, 2016）; Stephanie Downes, Andrew Lynch, and Katrina O'Loughlin, eds, *Emotions and War: Medieval to Romantic Literature*（London, 2015）.

情感与宗教研究

Alec Ryrie and Tom Schwanda, eds, *Puritanism and Emotion in the Early Modern* World（New York, 2016）; Phyllis Mack, *Heart Religion in the British Enlightenment: Gender and Emotion in Early Methodism*（Cambridge, 2008）.

国家或区域研究

Curie Virág, *The Emotions in Early Chinese Philosophy*,（Oxford, 2017）; Luisa Elena Delgado, Pura Fernández, and Jo Labanyi, eds, *Engaging the Emotions in Spanish Culture and History*（Nashville, 2016）.

古代世界研究

Douglas Cairns and Damien Nelis, eds, *Emotions in the Classical World: Methods, Approaches and Directions*（Stuttgart, 2017）; Ruth R. Caston and Robert A. Kaster, eds, *Hope, Joy, and Affection in the Classical World*（Oxford, 2016）.

关于中世纪的参考文献，参考 Valentina Atturo, *Emozioni*

medievali. Bibliografia degli studi 1941–2014 con un'appendice sulle risorse digitali（Rome, 2015）。

第三章　身　体

有关笑的研究，参见 Georges Minois, *Histoire du rire et de la dérision*（Paris, 2000）; Jacques LeGoff, "Laughter in the Middle Ages," in *A Cultural History of Humour: From Antiquity to the Present Day*, ed. Jan Bremmer and Herman Roodenburg（Cambridge, MA, 1997）, 40–52。

更多有关情感实践的研究，参考阅读 Bettina Hitzer and Monique Scheer, "Unholy Feelings: Questioning Evangelical Emotions in Wilhelmine Germany," *German History* 32/3（2014）: 371–392。

关于情动理论，参见 Eve Kosofsky Sedgwick and Adam Frank, eds, *Shame and Its Sisters: A Silvan Tomkins Reader*（Durham, 1995）; Ruth Leys, *The Ascent of Affect: Genealogy and Critique*（Chicago, 2017）; Michael Champion, Raphaële Garrod, Yasmin Haskell, and Juanita Feros Ruys, "But Were They Talking about Emotions? Affectus, affectio, and the History of Emotions," *Rivista Storica Italiana* 128/2（2016）: 421–443。

关于情感与性别的研究，参见 Lisa Perfetti, ed., *The Representation of Women's Emotions in Medieval and Early Modern Culture*（Gainesville, 2005）。

关于情感与空间，参见 Hollie L. S. Morgan, *Beds and Chambers in Late Medieval England: Readings, Representations and Realities*（York, 2017）; Joseph Ben Prestel, *Emotional Cities: Debates on Urban Change in Berlin and Cairo, 1860–1910*（Oxford, 2017）; 关于心理空间或情感实验，参见 Erin Sullivan, *Beyond Melancholy: Sadness and Selfhood in Renaissance England*（Oxford, 2016）。

关于从艺术角度发现情感意义的研究，参见 Patrick Boucheron, *Conjurer la peur. Sienne, 1338. Essai sur la force politique des images*（Paris, 2013）; Johanna Scheel, *Das altniederländische Stifterbild: Emotionsstrategien des Sehens und der Selbster kenntnis*（Berlin, 2014）; Martin Büchsel, "Die Grenzen der Historischen Emotionsforschung. Im Wirrwarr der Zeichenoder: Was wissen wir von der kulturellen Konditionierung von Emotionen?" *Frühmittelalterliche Studien* 45/1（2011）: 143–168。

关于情感与物质文化的研究，参见 Stephanie Downes, Sally Holloway, and Sarah Randles, eds, *Feeling Things: Objects and Emotions in History*（Oxford, [forthcoming]）。

第四章　展　望

关于跨学科研究，参见 Daniel M. Gross, *Uncomfortable Situations: Emotion between Science and the Humanities*（Chicago, 2017）;

Felicity Callard and Des Fitzgerald, *Rethinking Interdiscipinarity across the Social Sciences and Neurosciences*（Houndsmills, Basingstoke, Hampshire, 2015），网络资源：https://link.springer.com/book/10.1057%2F9781137407962。关于克服中国古代文化中的二元论，参见 Paolo Santangelo, "Emotions, a Social and Historical Phenomenon: Some Notes on the Chinese Case," in *Histoire intellectuelle des* émotions, *de l'Antiquité* à *nos jours*, ed. Damien Boquet and Piroska Nagy = *L'Atelier du centre de recherche historique* 16（2016）: 61–82, 网络资源：https://acrh.revues.org/7430。

关于电影中的情感研究，参见 Torben Grodal, *Moving Pictures: A New Theory of Film Genres, Feelings and Cognition*（Oxford, 1997）；Ed S. Tan, *Emotions and the Structure of Narrative Film: Film as an Emotion Machine*（Mahwah, NJ, 1996）。

关于电子游戏与情感，参见 Sharon Y. Tettegah and Wenhao David Huang, eds, *Emotions, Technology, and Digital Games*（London, 2016）；Roberto Dillon, *On the Way to Fun: An Emotion-Based Approach to Successful Game Design*（Natick, MA, 2010）。

索　引

（页码为本书边码）